解锁AI职场超能力

超能力

从撰写提示词到9大场景应用

智趋编写组◎著

北京联合出版公司
Beijing United Publishing Co.,Ltd.

图书在版编目（CIP）数据

解锁 AI 职场超能力：从撰写提示词到 9 大场景应用 / 智趋编写组著 . -- 北京 : 北京联合出版公司 , 2025. 3.

ISBN 978-7-5596-8203-1

Ⅰ . TP18

中国国家版本馆 CIP 数据核字第 2025JX3022 号

解锁 AI 职场超能力：从撰写提示词到 9 大场景应用

作　　者：智趋编写组

出 品 人：赵红仕

责任编辑：徐　樟

策　　划：张　缘

封面设计：仙　境

版式设计：豆安国

责任编审：赵　娜

北京联合出版公司出版

（北京市西城区德外大街 83 号楼 9 层　100088）

北京华景时代文化传媒有限公司发行

河北鹏润印刷有限公司印刷　　新华书店经销

字数 125 千字　　710 毫米 ×1000 毫米　　1/16　　18 印张

2025 年 3 月第 1 版　　2025 年 3 月第 1 次印刷

ISBN 978-7-5596-8203-1

定价：79.80 元

序言

在当今这个数字化飞速发展的时代，人工智能（AI）已经深刻地影响着我们的生活和工作方式。尤其是通用人工智能（AGI）的出现，更是为各行各业带来了革命性的变化。它不再是科幻小说中的遥远概念，而是实实在在地走进了我们的日常工作中，成为提升效率、创造价值的有力工具。

然而，面对这场前所未有的技术变革，许多职场人士心中充满了疑惑和不安。他们一方面担心自己的岗位会被人工智能取代，另一方面又不知道如何利用人工智能来提升自己的竞争力。在这样的背景下，我们策划了这本《解锁 AI 职场超能力：从撰写提示词到 9 大场景应用》，旨在为广大职场人士指明方向，帮助他们在人工智能时代实现自我突破。

回顾历史，每一次技术革命都会带来深刻的社会变革。从蒸汽机的发明到电力的普及，再到互联网的兴起，技术的进步不断改变着人们的生活方式和工作模式。如今，人工智能作为第四次工业革命的核心驱动力，正以前所未有的速度渗透到各个领域。

有人可能会担心，人工智能的崛起是否会导致大规模的失业潮。

事实上，历史一再证明，技术的进步虽然会淘汰一部分岗位，但同时也会创造出新的就业机会。关键在于，我们是否能够顺应时代的潮流，主动学习新的技能，适应新的工作环境。

人工智能并非人类的敌人，而是我们强大的助手。通过与人工智能协作，我们可以大幅提升工作的效率和质量，将更多的时间和精力投入到更具创造性和战略性的任务中。例如，人工智能可以帮助我们快速处理大量的数据，提供精准的分析和预测，支持我们做出更明智的决策。

在文案创作方面，人工智能可以生成初步的草稿，为我们的创意提供灵感。在设计工作中，人工智能可以快速生成各种方案，供我们选择和优化。在营销领域，人工智能可以精准定位目标客户，优化广告投放策略。在商务谈判中，人工智能可以实时提供数据支持，帮助我们制定更有效的谈判策略。

尽管人工智能在很多方面表现出色，但人类在创造力、情感共鸣、道德判断等方面仍然具有不可替代的优势。我们的任务不是与 AI 竞争，而是学会如何与之协同工作，发挥各自的长处，共同创造更大的价值。

在这本书中，我们详细探讨了如何设计有效的提问，与人工智能进行高效的沟通，以及如何优化人工智能的回答，使其更符合我们的需求。掌握了这些技巧，读者可以在工作中更加自如地使用人工智能工具，提高工作的效率和质量。

为了让读者真正受益，我们在书中提供了大量的实际案例和操作指南。每一章都结合了具体的工作场景，详细讲解了如何在日常工作中应用人工智能。例如，如何利用人工智能快速生成营销文案，如何通过人工智能激发创意，如何借助人工智能完成设计任务，等等。

此外，我们还特别关注了数据隐私和安全的问题。在享受人工智能带来的便利的同时，我们也需要保护自己的数据安全，遵守相关的法律法规。书中提供了在使用人工智能工具时需要注意的安全事项，帮助读者在保护自身利益的前提下，放心地使用人工智能。

人工智能时代的到来，对我们的职业发展提出了新的要求。我们只有不断学习新的技能，更新自己的知识体系，才能在激烈的竞争中立于不败之地。在书中，我们详细分析了人工智能对各个职业的影响，提出了在人工智能时代选择和转换职业方向的策略。

同时，我们也强调了持续学习的重要性。如今，互联网为我们提供了丰富的学习资源，各种在线课程、学习社区都可以帮助我们快速提升。我们需要养成终身学习的习惯，保持对新技术、新趋势的敏感度。

中国的人工智能领域发展迅速，国内的科技企业取得了令人瞩目的成就。百度的文心一言、科大讯飞的星火认知大模型、阿里巴巴的通义千问、商汤科技的日日新等，都在各自的领域发挥着重要作用。

2025 年 1 月 20 日，深度求索（DeepSeek）推出开源大模型 DeepSeek-R1，该模型在数学、编程和自然语言推理等任务上表现优异，性能媲美 OpenAI 的最新模型，迅速引发全球关注并在国内掀起人工智能热潮。为顺应这一趋势，我们在图书出版前紧急新增"特别篇：从零到达人的 DeepSeek 完全指南"，详细介绍 DeepSeek 的使用技巧，帮助读者全面提升驾驭这一强大 AI 工具的实操能力。

在书末，我们用附录形式详细介绍了这些国内主流的通用人工智能工具的特点、优势和应用场景。通过对比分析，读者可以根据自己的职业需求选择最适合自己的人工智能助手，充分利用本土化的优势。

面对人工智能的快速发展，焦虑和不安在所难免。但是，我们需要认识到，人工智能并不是洪水猛兽，而是我们前进道路上的助推器。只要我们保持开放的心态，积极学习和适应，就一定能够在人工智能时代找到自己的定位，实现自我价值的提升。

正如一句古话所说："工欲善其事，必先利其器。"人工智能就是我们在新时代的利器。掌握了它，我们就拥有了打开未来之门的钥匙。

AI 时代的到来，是人类历史上的重要转折点。它为我们带来了无限的可能性，也提出了全新的挑战。我们希望这本《解锁 AI 职场超能力：从撰写提示词到9大场景应用》能够成为你的指南针，帮助你在变化的潮流中找到前进的方向。

感谢你选择了这本书。相信通过阅读和实践，你一定能够掌握与AI 高效合作的技能，在职场中脱颖而出。让我们一起，拥抱 AI，拥抱未来，共同创造更加美好的明天！

目录

趋势篇：智能工作时代来临

闯进办公室的 AI / 003

AI 的发展简史与现状 / 003

为什么自然语言处理（NLP）重要？ / 006

通用人工智能是什么？ / 009

AI 整顿职场 / 012

人类与 AI，不是替代，而是协同 / 016

AI 如何融入工作流程 / 020

使用 AI 工作的基本原则 / 025

关键技巧：写出有效的提示词 / 030

人与 AI 应该如何分工 / 043

AI 改变工作方式的案例 / 063

企业成功应用 AI 的案例分析 / 063

个人利用 AI 提升工作的故事　/ 067

实践篇：如何用 AI 完成各类工作

用 AI 写出理想的文案　/ 075

生成营销文案　/ 075

生成其他类型的文案　/ 092

与 AI 对话，随时激发创意　/ 104

头脑风暴和概念生成　/ 104

内容策划和故事构思　/ 113

创意难题的解决　/ 123

利用绘图 AI，高效完成设计工作　/ 133

AI 在生成视觉元素中的优势　/ 133

用 AI 生成图片　/ 134

用 AI 完成其他设计工作　/ 142

"AI+ 数据"制定个性化营销战略　/ 151

如何用 AI 制定营销战略　/ 151

使用 AI 制定营销战略的原则　/ 165

用 AI 模拟情境，推动商务谈判　/ 168

在商务谈判中，模拟谈判策略　/ 168

使用 AI 推动商务谈判的原则　/ 185

其他工作场景中的 AI 应用 / 187

    人力资源管理 / 187

    客户服务与支持 / 190

    项目管理与协调 / 194

提升篇：AI 时代的自我提升

这一轮"AI 化"势不可当 / 201

    传统行业的转型 / 201

    新兴职业的出现 / 205

    应对职业不确定性的策略 / 209

AI 赋能的新机会 / 215

    AI 驱动的商业模式 / 215

    利用 AI 颠覆传统行业 / 217

    创业过程中的挑战与应对 / 219

培养驾驭 AI 的人类素养 / 223

    创造力与创新：发挥人类的想象力 / 223

    情商与共情：AI 驱动互动中的人性化关怀 / 224

    批判性思维与伦理判断：驾驭 AI 的局限性 / 226

    适应能力与问题解决：动态世界中的人类灵活性 / 227

特别篇：从零到达人的 DeepSeek 完全指南

准备就绪——30 分钟变身"DeepSeek 掌控者" / 231

一键召唤你的 DeepSeek 伙伴 / 231

DeepSeek 控制台大揭秘 / 233

初探对话——像跟朋友聊天一样跟 DeepSeek 沟通 / 235

说话的艺术：让 DeepSeek 读懂你 / 235

五大"魔力指令"，开启对话新世界 / 237

效率飞升——巧用 DeepSeek 搞定文件和复杂任务 / 239

五分钟挑战：把 DeepSeek 变成你的文档管家 / 239

在 DeepSeek 的协助下写代码 / 241

场景实战——用 DeepSeek 搞定生活与工作难题 / 244

学术论文"保姆级"辅助 / 244

自媒体速成：从零到百万粉丝 / 246

学习规划大师 / 248

全方位知识点突破 / 250

用 DeepSeek 无限进阶——自我学习与成长 / 253

学习加速器：多元化场景应用 / 253

学习效果跟踪与反馈 / 254

自我校正与复盘：DeepSeek 里的"最强教练" / 255

零基础编程入门 / 256

创意写作与网文灵感"直通车" / 258

语言边界打破：跨语种无障碍交流　/ 260

DeepSeek：AI 时代的智慧助手与未来展望　/ 262

附录：中国主流通用人工智能应用介绍

文心一言　/ 265

Kimi　/ 267

智谱清言　/ 269

豆包　/ 271

通义千问　/ 273

讯飞星火　/ 275

趋势篇

智能工作时代来临

闯进办公室的AI

AI的发展简史与现状

自诞生以来，人工智能（Artificial Intelligence, AI）的发展经历了显著的演变。了解AI的发展历程，对于我们把握当今世界的变革趋势，特别是当下和未来的工作方式来说至关重要。

"人工智能"的概念可以追溯到古代，当时的哲学家梦想着创造具有类人推理能力的机械生物。到了20世纪，尤其是在计算机问世之后，现在的AI开始成形。在1956年召开的达特茅斯会议上，"人工智能"一词被首次提出，标志着一个旨在通过机器模拟人类智能的新领域的诞生。

早期的AI研究集中于符号推理和问题解决。约翰·麦卡锡（John McCarthy）和马文·明斯基（Marvin Minsky）等先驱者开发了能够执行基本任务的系统，例如证明数学定理或下棋。然而，这些系统缺乏应对新情况的灵活性。尽管这些先驱者对AI的热情高涨，但由于计算能力和数据的限制，AI能力的发展比较缓慢。

到了20世纪七八十年代，人类进入了所谓的"AI寒冬期"。此时人们对AI最初的乐观情绪逐渐消退。研究人员所做的承诺未能如期实现，公众兴趣和资金也随之减少。这个时代的 AI 系统在处理复杂性、扩展性以及现实世界中的不确定性方面表现不佳。此时的挫折促使研究人员重新思考 AI 的发展路径。不过尽管发展放缓，一些特定领域仍然取得了显著进展，例如专家系统，该系统使用预定义规则在特定领域（如医学诊断）做出决策。这些系统在某些背景下很有用，但它们的适用性并不理想。

AI 的真正突破出现在 20 世纪 90 年代末到 21 世纪初，此时机器学习（Machine Learning, ML）出现了，这一 AI 子领域侧重于让机器从数据中学习，而不仅仅依赖于预定义规则。这是 AI 发展的一个转折点，因为机器学习算法使计算机能够识别模式并自主做出决策，与依赖逻辑推理的符号 AI 不同，机器学习模型随着数据量的增加而不断改进。

这一时期的一个关键事件就是 1997 年 IBM 的"深蓝"（Deep Blue）击败国际象棋世界冠军加里·卡斯帕罗夫（Garry Kasparov），机器的胜利向世界明确地展示了 AI 在结构化环境中的能力。与此同时，自然语言处理（Natural Language Processing, NLP）系统也开始改进，旨在更好地理解和处理人类语言，为未来对话 AI 的发展奠定了基础。

AI 的下一个重大突破出现在 2010 年之后，深度学习使 AI 系统能够解决更复杂的问题，如图像识别、语言翻译和自动驾驶。一方面，互联网和数字化的发展为 AI 提供了大量的数据；另一方面，计算能力（特别是图形处理单元或 GPU）的指数增长使深度学习蓬勃发展。

2012 年，杰弗里·辛顿（Geoffrey Hinton）及其团队开发的深度神经网络赢得了 ImageNet 竞赛——一个大规模视觉识别挑战赛，并以显著优势取胜。这一胜利使深度学习成为主流，AI 应用迅速扩展到医疗、金融、娱乐和制造等行业。

谷歌、Facebook 和亚马逊等公司在 AI 研究方面进行了大量投资，通过推荐系统、定向广告和客户支持的自然语言处理技术来改进其平台。2018 年，OpenAI 推出了 GPT 系列，并在 2020 年推出了 GPT-3，一举震撼了世界，让通用人工智能（Artificial General Intelligence, AGI）的愿景深入人心。AGI 是一种假设的智能，指机器能够理解或学习人类能够执行的任何智力任务。它是旨在模仿人类大脑的认知能力的 AI 系统。不过到目前为止，AGI 仍然是一个目标，还没有任何 AI 系统能够达到这种水平。

AGI 的研究仍在继续，DeepMind、OpenAI 等组织和学术机构正在推动 AI 超越特定任务能力的边界。虽然 AGI 的研究进展缓慢，但实现这一系统的影响将是深远的，可能彻底改变从医疗到教育、从劳动力到治理的各个方面。

今天，AI 已不再是未来概念，而是一项嵌入日常生活的实用技术。它正在影响人们与技术的互动方式。在工作场所，AI 驱动的工具正在优化流程、改进决策，并提供更个性化的客户体验。各行各业正在采用 AI，以提高效率并降低成本。在医疗领域，AI 协助医学图像分析和预测患者结果；在金融领域，AI 用于欺诈检测和算法交易；在制造领域，AI 改善了预测性维护和质量控制。

虽然 AI 的现有能力已经很强大，但其局限性也很明显：尚未完全自主运行，大多数应用仍需要人类的监督。AI 系统中的偏见问题、伦理问题以及深度学习模型的"黑箱"特性（即其决策过程不易解释）仍是持续的挑战。

总之，AI从简单的基于规则的系统到复杂的以数据驱动的模型的发展历程，受到了机器学习和深度学习关键突破的影响。随着AI的不断发展，其在转变工作方式中的作用正在迅速扩大，而通用人工智能则代表了未来创新的下一个前沿。

为什么自然语言处理（NLP）重要？

NLP是一种人工智能技术，旨在让机器能够理解、生成和与人类的自然语言进行互动。NLP和AGI之间的关系，可以看作是从特定任务智能到广泛智能的演进过程。它的实际应用非常广泛，比如聊天机器人、语音助手、自动翻译等，帮助机器与人类进行有效的沟通。这些技术提升了我们在日常工作中的效率，也让AI能够处理复杂的语言任务。

以ChatGPT为例，NLP技术使其能够理解用户的文本输入，生成连贯且符合语境的回答，并与用户进行互动。通过NLP，ChatGPT能够处理复杂的语言任务，如解释问题、提供建议、撰写内容等。这种自然语言处理的能力，让ChatGPT成为一个强大的工具，广泛应用于各类场景中，包括客服支持、教育辅助和创意写作等。

NLP是实现AGI不可或缺的一部分，因为语言理解和交流是人类智能的重要组成部分之一。随着NLP技术的不断进步，它为AGI奠定了基础，使机器能够在越来越复杂的语言场景中表现出类似人类的智能。而AGI的愿景则推动了NLP向更高水平发展，最终希望在更广泛的任务中实现类似人类的综合智能。从单一任务的语言处理到全面智能的构建，NLP与AGI的关系就像是从局部能力走向整体智能的渐进之路。

NLP 依赖于多种技术和方法，帮助机器理解和生成人类的语言。以下是 NLP 背后的一些主要技术，我们用简单易懂的方式解释它们的作用：

① 机器学习

现代的 NLP 系统主要依靠机器学习，尤其是深度学习，来提高理解和生成文本的能力。机器学习的原理是让机器从大量数据中"学习"语言的使用方式。例如，通过对大量文章、对话的分析，机器可以"学会"预测下一个单词，甚至能翻译语言和总结长篇文章。

特别是深度学习中的神经网络，让 NLP 系统能够处理复杂的语言任务。一种叫作 Transformer 的深度学习架构革新了 NLP，它能一次性处理整个句子甚至一段文本，而不是像以前那样逐词分析。这样的技术提升了机器对上下文的理解能力，使得翻译、摘要和对话生成更加准确和自然。

② 分词与句法分析

分词是把文本分解成更小的部分（如单词或符号），让机器能更容易分析它们。比如，句子"The cat sat on the mat"可以分成"the""cat""sat""on""the"和"mat"。这种分解有助于机器更好地理解句子的结构和含义。

接着，句法分析进一步揭示句子中各个单词之间的关系。通过分析句子的语法结构，机器可以知道谁是主语，谁是谓语，理解"谁做了什么"。这帮助机器更准确地解释句子的含义，并生成符合语法的文本。

❸ 自然语言理解与自然语言生成

NLP可以分成两个主要部分：自然语言理解（Natural Language Understanding, NLU）和自然语言生成（Natural Language Generation, NLG）。

NLU侧重于理解人类语言输入。它能识别出用户的情感，提取出名字、地点等关键信息，并判断用户的意图。例如，当你给智能助手下达命令时，NLU负责理解你想要什么。

NLG则专注于生成类似人类的语言输出。它能把数据或信息转换成连贯的文本，比如生成报告、总结文章，或者为客户服务对话提供回应。

这两个部分的结合，让AI不仅能理解你的问题，还能生成合适的回应。

❹ 情感分析

情感分析是一种专门用于判断文本中情感的NLP技术。它可以根据词语的选择、句子的结构等因素，识别出文本的情感基调是正面、负面还是中性。这种技术常用于分析客户反馈、产品评论或社交媒体上的评论，帮助企业了解用户的情感，进而做出产品改进或品牌管理的决策。

⑤ 命名实体识别

命名实体识别（Named Entity Recognition, NER）是另一项重要的 NLP 技术，它帮助系统在文本中识别和分类重要信息，比如人名、地点、日期等。举个例子，在句子"Apple Inc. released the iPhone 12 on October 23, 2020"中，NER 会识别出"Apple Inc."是一个公司，"iPhone 12"是一个产品，"October 23, 2020"是日期。这对自动化处理文档、客户支持等应用非常有用，能够快速提取关键信息。

NLP 通过整合机器学习、分词、句法分析、情感分析、NER 等技术，使机器能够理解和生成人类语言。这让我们能够与 AI 进行自然的对话、快速处理信息，并从海量数据中提取出有用的内容。随着 NLP 技术的进步，AI 在各种行业中的应用会更加广泛。

通用人工智能是什么？

通用人工智能（AGI）代表着人工智能发展的下一个重大飞跃，旨在实现与人类智力相媲美的智能水平。与专注于执行特定任务的狭义人工智能不同，AGI 的目标是展示一种广泛的理解和推理能力，使其能够处理各种任务，而无须为每个任务进行特定编程。

　　AGI与此前出现的狭义人工智能系统有根本区别。狭义人工智能擅长执行特定任务，如语言翻译、图像识别或玩某种游戏，但它局限于其受训的领域，无法将其在一个任务中的学习成果转移到另一个任务中。例如，一个擅长下棋的AI无法突然学会驾驶或诊断疾病，除非经过大量的再训练和专门的编程。

　　相比之下，AGI将具备执行广泛任务的能力，以类似人类的方式学习和适应。它不需要为每个新任务进行重新训练，而是能够从一个领域的知识中归纳并应用到另一个领域。这种智能意味着对世界有更深刻的理解，不仅仅是模式识别，还包括跨领域的推理、创造力和问题解决能力。

　　AGI通常被比作人类展示的那种智能，特点是能够从多样的经验中学习、逻辑推理并展示常识。AGI被视为一种能够在任何环境中自主学习和适应的系统，类似于人类大脑，甚至有可能在没有人类干预的情况下自我改进。

　　AGI与狭义人工智能的区别在于几个核心特征：

①　自主学习

　　AGI将具备从环境和经验中学习的能力，而无须手动重新编程。它将能够独立获取新知识、技能和概念。

②　可迁移性

　　AGI的一个显著特点是能够将知识和技能从一个领域转移到另一个领域。这种跨任务的泛化能力将使AGI无须针对每个新挑战进行领域特定的培训就能执行多种活动。

③ **认知灵活性**

AGI 能够适应新的、不可预见的情况。它不会被预定义的情景或规则所限制，能够像人类一样在面对陌生问题时运用创造性的问题解决策略。

④ **意识与自我认知**

一些关于 AGI 的定义还假设它可能具备一定程度的自我意识或意识，这将使它能够理解自己的行动、动机和目标与世界的广泛背景之间的关系。然而，这仍然是 AGI 发展中的一个推测，距离实现还很遥远。

⑤ **推理与常识**

AGI 预期能够进行更高层次的推理，并展示常识，能够理解抽象概念，并在信息不完整或模糊的情况下做出决策。

目前人类依然在实现 AGI 的道路上前进，如果 AGI 实现，它可能会彻底改变几乎所有经济领域。但哪怕是现有的技术能力条件下，以 AGI 为目标的人工智能已经在我们的日常生活和工作中扮演越来越重要的角色。AGI 的引入可能会对社会和企业的运作方式产生巨大影响。

AGI 代表了一种变革性的 AI 愿景，具有在广泛任务中匹敌或超越人类智能的潜力。虽然它仍是一个追求中的目标，但通向 AGI 的旅程正在推动 AI 的可能性边界，理解其潜在应用和挑战，为自己未来的工作和生活做好准备，对于我们每一个人都至关重要。本书中提到的 AI 能力和 AGI 的发展密不可分，在阅读本书的过程中，对这两个词可以不做区分。

AI整顿职场

时至今日，AI 已经开始深刻且广泛地重塑现代职场。随着 AI 技术日益融入日常运营，企业和员工正经历着任务执行、决策制定和效率提升方面的转变。以 ChatGPT 为例，AI 已经可以帮助我们做到以下事情：

各类内容生产

ChatGPT 擅长生成多种类型的内容，从撰写商业文案、产品描述、广告脚本，到编辑新闻报道和市场分析。无论是文字创作还是社交媒体内容策划，ChatGPT 都能快速响应，大幅提高工作效率。更重要的是，ChatGPT 不仅能够生成符合特定风格的内容，还能够根据目标受众进行个性化调整，为不同的市场需求量身定制输出。

图像生成

除了文字，ChatGPT 也能结合 AI 图像生成技术为各类项目提供视觉支持。从设计概念图、营销用图到社交媒体配图，ChatGPT 生成的图像能够满足设计团队、内容创作团队和市场推广人员的需求。这一功能特别适用于需要快速制作可视化内容的场合，帮助企业在创意和品牌传播中实现更好的视觉效果。

自动化烦琐任务

ChatGPT能够自动化处理日常的文字性任务，如撰写邮件、生成报告、总结数据等，从而节省时间。员工可以将精力投入到更具战略性和创造性的工作中，同时保持高效的任务执行。

决策支持与洞察

ChatGPT通过分析和解读复杂数据，提供精准的业务建议。它能够在决策制定过程中快速整理信息，并为管理层提供深度分析，帮助他们根据市场趋势、客户反馈和竞争对手的动态做出更具竞争力的选择。

提升沟通效率

借助自然语言处理技术，ChatGPT可以充当虚拟助手，帮助处理客户咨询、安排日程，甚至协助部门间沟通。它能够为企业节省大量的人力资源，并提高沟通的准确性和效率。

个性化学习与发展

通过分析员工的技能和工作表现，ChatGPT可以为员工提供个性化的培训计划，帮助他们掌握新技能，提升职场竞争力。此外，ChatGPT还可以实时为员工提供工作建议，帮助他们在任务中快速进步。

创造力与创新的辅助

在创意与创新的领域，ChatGPT也发挥着重要作用。无论是为设计师、营销团队提供灵感，还是为技术团队提出产品改进建议，ChatGPT可以作为创新思维的辅助工具，促进更具突破性的创意产生。

如今，许多企业已经在多个业务领域中广泛应用AI技术，以提高效率和推动创新。例如，营销部门正使用AI工具（如ChatGPT）生成社交媒体文案、广告标语以及内容策略，快速响应市场变化并保持与受众的互动。同时，AI图像生成技术被广泛应用于设计和品牌推广，帮助团队快速制作出具有视觉吸引力的素材。

客服与客户支持也是AI应用的一个重要领域，很多企业通过集成AI客服系统，自动回复客户的常见问题，全天候提供服务。这不仅大幅减少了人工客服的负担，还提升了客户体验。AI还能够通过情感分析等功能理解用户情绪，提供个性化建议，甚至预判客户需求。

在数据分析和商业决策中，AI技术帮助企业快速处理庞大的数据集，生成可操作的洞察结果。许多企业利用AI进行市场趋势预测、消费者行为分析甚至是产品需求预测，显著加速了决策过程。

职场人也在日常工作中广泛使用AI工具。内容创作者利用ChatGPT生成初稿，节省大量时间并保持创作灵感。程序员通过AI代码生成工具加速编程过程，从简单的自动补全到更复杂的代码调试和优化，AI正在改变他们的工作方式。

　　此外，AI工具在项目管理和任务协调方面也得到了广泛应用。通过集成AI助手，职场人士可以更高效地安排日程、管理项目进度，并确保跨部门合作的顺畅进行。

　　这场AI革命正在迅速改变企业运营模式和职场结构，那些拥抱AI技术的企业和职场人已经享受到效率提升和创新驱动的双重红利，未来这一趋势将会更加显著。

人类与AI，不是替代，而是协同

传统的工作流程主要依赖人工，但在如今智能化和自动化快速发展的环境中则面临着重大的挑战。这些痛点阻碍了生产力的提高，降低了效率，并往往无法满足现代企业对速度、准确性和适应性的需求。这些痛点包括：

❶ 内容创作速度与质量难以兼顾

在传统的文案写作中，创作优质内容往往需要大量时间，而现代企业的需求却要求快速生成高质量的内容，特别是在营销、广告和社交媒体等领域。文案人员经常面临来自时间和质量的双重压力。快速完成大量文案可能会影响内容的深度和创意；反之，花费太多时间打磨内容又可能无法赶上项目进度。此外，重复性写作容易导致创作疲劳，降低灵感的产出和工作的满意度。这种矛盾使得内容创作效率成为文案工作的重大痛点。

❷ 重复性任务耗费大量时间

在传统的工作流程中，文案人员除了创作之外，还常常需要处理大量的重复性任务，如校对、格式调整、编辑优化和数据输入等。这些操作虽然看似简单，但非常耗时，分散了创作者对核心创作任务的注意力，影响整体工作效率。人工执行这些任务不仅耗费精力，还容易产生人为错误，进一步影响工作质量和项目进度。

③ 信息处理能力有限

在面对复杂的市场数据、客户反馈和竞争情报时，传统的人工方式难以高效处理和整合这些信息。文案人员需要从不同的数据源中提取有用的信息，以确保创作的内容具有足够的针对性和市场敏感度。然而，手动处理这些信息不仅费时费力，还容易导致遗漏或错误，影响文案内容的准确性和效果。这种信息处理的局限性，尤其在快速变化的市场环境中，成为文案工作的另一个难题。

④ 跨部门沟通和协作不畅

文案工作通常需要与多个部门紧密合作，如市场部、设计部和产品开发团队。然而，传统的沟通方式如邮件、会议等容易造成信息传递不及时、误解和反馈延迟。这种低效的沟通模式不仅影响工作进度，还可能导致文案方向与其他部门的需求不一致，从而影响项目的最终成效。缺乏高效协作工具使跨部门沟通成了文案工作中的一大痛点。

⑤ 应对变化和创新的灵活性不足

文案工作需要不断适应市场变化，不断创新和调整内容。然而，传统的创作流程往往是基于固定步骤，缺乏灵活性，难以快速响应新需求。例如，当新的市场趋势或客户需求出现时，文案人员可能需要重新调整内容方向或策略，而这在时间紧迫的情况下常常难以做到。这种缺乏灵活性的问题，限制了文案人员及时抓住市场机会的能力。

⑥ 人为错误和一致性问题

由于文案工作涉及大量的手工操作和个人判断，难免会出现一些人为错误，尤其是在处理多个项目或紧急任务时。错别字、格式不一致、信息错误等问题可能对品牌形象和客户体验造成负面影响。此外，传统工作流程缺乏自动化检查和标准化手段，导致内容质量的一致性难以保障，增加了返工和审查的工作量。

⑦ 学习曲线长、人才培养成本高

在文案写作领域，新员工需要花费较长的时间才能掌握公司的创作风格和流程，满足企业的内容需求。这种较长的学习曲线不仅降低了团队的整体效率，还增加了企业在培训上的成本。缺乏标准化和自动化工具支持，也使得经验的传递和新手的成长更加依赖个体学习速度，影响团队整体的创作效率。

⑧ 成本效率低下

最后，传统工作流程由于各方面的低效导致成本高昂。手动流程、高错误率和沟通不畅都导致了运营费用的增加。此外，传统工作流程往往需要大量人力来管理本可自动化的任务，进一步推高了成本。对于在竞争激烈的市场中运营的组织而言，这些成本低效可能会侵蚀利润率，并限制企业在创新或增长方面的投资能力。相比之下，已经采用现代 AI 驱动工作流程的公司通过自动化、简化流程和更好的资源管理，通常可以显著节约成本。

在今天的技术条件下，传统的工作流程为职场人带来了诸多挑战，阻碍了他们在职场中充分发挥潜力。耗时的手动任务、低效的沟通方式以及缺乏实时数据支持，使得日常工作效率低下，容易让人感到精疲力竭。尤其是在面对紧急项目或复杂任务时，烦琐的重复性操作和高错误率常常让工作变得更加困难，影响个人的职业表现和晋升机会。

此外，随着业务需求的不断变化，职场人往往需要快速应对新任务或调整策略，而传统流程的固化和缺乏灵活性，让其难以快速适应新挑战。特别是在跨部门协作中，传统的沟通和协作方式限制了信息的及时传递，导致工作滞后和方向不一致，进一步降低了工作效率和团队表现。

因此，在现代职场中，采用 AI 和自动化等技术已经不再是选择，而是提升个人工作效率和职业发展的必由之路。AI 工具不仅能帮助简化烦琐的日常任务，还能实时提供数据分析和决策支持，使你能够专注于创造性工作，并与团队更好地协作。自动化工具让你能够快速响应变化、提高工作质量，从而在激烈的职场竞争中占据优势。通过拥抱 AI 和自动化，职场人能够打破传统流程的束缚，提升效率、减少错误，最终在快速变化的商业环境中取得更大的成功。

AI如何融入工作流程

AI 的融入正在从根本上改变我们的工作流程，使其从传统、低效的流程转变为高度自动化和数据驱动的流程。通过将 AI 嵌入工作流程的各个阶段，我们可以提高生产力、减少错误，并解锁全新的运营优势。下面简单介绍几种将 AI 融入工作流程的主要方式，以及这么做带来的好处：

自动化重复性任务

AI 能够显著提升工作中的自动化水平，可将大量耗时的重复性任务交由 AI 处理。比如，自动生成报告、撰写邮件模板、安排日程和分析数据等。这种方式不仅能够释放大量的时间，让员工专注于更高价值的创造性工作，还能减少因手动操作产生的人为错误。通过自动化处理，员工的工作变得更加高效，生产力得到显著提升。

例如，在一个大型零售公司中，销售团队每天需要手动整理大量的客户数据和订单报告，耗费了宝贵的时间和精力。引入 AI 自动化工具后，这些烦琐的任务被 AI 接管，系统可以在几秒钟内生成详尽的销售报告，并自动发送到团队的邮箱。销售人员现在能够将更多时间投入到与客户的沟通和新业务的拓展上，显著提升了销售效率和客户满意度。

增强创新与创意生成

在创意生成方面，AI也发挥着不可忽视的作用。无论是在内容创作、产品设计还是市场推广中，AI能够通过分析历史数据、行业趋势以及客户反馈，提出创新建议并生成初步创意。这种辅助功能不仅能够加速创意开发的过程，还能帮助团队在竞争激烈的市场中快速推出创新产品和解决方案。

例如，一家广告公司使用AI创意工具为客户设计广告创意。通过分析大量过去的成功广告案例、社交媒体数据和目标受众的偏好，AI生成了多个创意方案供团队参考。在此基础上，团队能够快速筛选出最具创意和市场影响力的方案，并在短时间内为客户打造个性化的广告，最终大幅提高了客户的满意度和品牌曝光度。

智能数据分析与决策支持

AI能够通过分析庞大的数据集快速提取关键信息，为决策者提供更具洞察力的决策支持。例如，在市场营销、产品开发和财务规划中，AI可以整合不同来源的实时数据，帮助企业更好地理解市场趋势、客户需求和竞争态势。通过这种智能的数据分析，管理层可以做出更为精准和高效的决策，减少决策过程中的不确定性和延迟性。

例如，一家金融机构通过引入 AI 数据分析工具，能够在数分钟内分析数百万笔交易数据，识别出市场上的异常波动和潜在的投资机会。以前，数据分析师可能需要数天时间才能完成同样的分析。现在，AI 不仅加快了分析过程，还通过机器学习模型预测未来的市场走势，帮助公司快速调整投资策略，避免潜在风险。

个性化工作流与员工发展

AI 还能够根据个人的工作习惯和表现，为员工提供个性化工作流建议和技能发展路径。通过分析个人的工作效率、任务完成情况以及潜在的技能空白，AI 可以帮助制订个性化的培训计划，促进员工的职业发展。同时，个性化的任务分配和工作流程优化让每个员工都能最大程度地发挥自己的能力，提升整体工作效率和满意度。

例如，在一家科技公司，人力资源（Human Resources, HR）部门使用 AI 工具来追踪员工的表现并分析其技能发展需求。AI 系统根据每位员工的工作表现自动生成定制化的学习路径，包括推荐的在线课程、内部培训项目以及技能提升的机会。一个刚刚加入公司的程序员，通过 AI 工具推荐的学习路径，在短短几个月内掌握了新的编程语言，迅速提升了工作能力并得到了晋升机会。

优化跨部门沟通与协作

AI 工具还可以大幅提升企业内部的沟通与协作效率，尤其是在跨部门合作中。借助 AI 的自然语言处理能力，团队可以使用AI协作工具快速整理和分发信息，减少人为沟通中的误解和滞后。同时，AI能够实时监控项目进展，识别潜在问题，并向相关人员发出提醒，确保各部门协同一致，快速响应项目需求。

例如，在一个全球化的科技企业中，产品开发部门、市场部门和销售团队常常需要跨时区进行协作。AI协作工具不仅可以帮助团队自动整理会议记录，还可以将各部门的沟通信息自动分类并生成任务清单，确保所有团队成员了解项目进展。系统会自动提醒负责不同任务的人员，确保项目按时推进，避免因沟通不畅而导致的延误。

优化资源分配与效率

AI通过分析工作负载数据并预测资源需求，帮助组织优化资源分配。在传统工作流程中，资源分配往往存在不平衡的问题，可能导致某些团队超负荷运作，而其他团队的资源未被充分利用，或者难以快速响应需求变化。AI系统通过实时数据分析，可以动态调整资源配置，确保人力、财务和物资资源得到合理部署，从而提高运营效率。

例如在制造业中，AI驱动的系统能够分析生产线的工作数据，并自动调整机器调度，优化产量并减少不必要的停机时间。例如，当某个生产环节出现瓶颈时，系统会自动调整其他环节的资源，以确保整个生产流程顺畅运行。在物流行业，AI可以实时调整送货路线，基于当前交通状况、燃料成本和交货优先级进行优化，确保按时送达的同时降低运输成本。

工作流程自动化工具中的 AI

越来越多的工作流程自动化工具整合了 AI 技术，以处理更复杂的任务，超越了传统的基于简单规则的自动化操作。现在已经有很多工具融入了 AI 功能，这些功能不仅能够根据预定义的触发条件操作，还可以通过数据分析和预测来做出智能决策。这种 AI 增强的自动化工具使得工作流程更加智能化和灵活。

例如在社交媒体管理中，AI 驱动的自动化工具能够实时监控客户的情绪反馈。当客户发布负面评论时，系统会自动将这些评论转交给支持团队处理，而正面的反馈则会自动标记给市场团队，用于宣传或客户跟进。这样的 AI 自动化系统不仅提高了反应速度，还确保了每条信息都能得到及时处理，提升了客户体验。

AI 驱动的工作流程个性化

AI 通过个性化推荐和定制工作流程，提升了员工和客户的体验。对于客户而言，AI 可以根据他们的行为和偏好定制个性化的产品推荐或服务优惠，显著提升参与度和转化率。对于员工，AI 能够分析个人工作习惯和表现，推荐最合适的工具、资源或培训计划，从而帮助他们更高效地完成工作。

例如在零售业中，AI 驱动的系统能够根据客户的浏览记录、购买历史等数据为其推荐最合适的产品。当客户查看了某类商品后，系统会自动向他们推送相关产品或优惠信息，从而提高购买可能性。同样，在教育领域，AI 可以为每位学生定制个性化的学习路径，根据他们的学习进度和表现推荐适合的课程和资源，帮助学生更快实现学习目标。

AI 通过自动化处理重复任务、提供数据驱动的决策支持、增强协作、优化资源分配和个性化工作体验，已经深度融入我们的日常工作流程当中。对于个人而言，传统的工作模式正被 AI 增强型工作流程所取代，使我们能够以更高效、准确且灵活的方式完成工作。无论是减少重复性的手动操作，还是根据实时数据做出更智能的决策，AI 都在帮助我们提升工作效率、减少错误并加速创新。随着 AI 技术的不断发展，它在优化工作流程中的作用将日益重要，AI 将会彻底改变我们的工作方式，并帮助我们在职场中更好地应对未来的挑战。本书的主要内容也是针对具体工作中的任务挑战，帮助读者学会使用 AI 工具，从而获得更好的工作成效。

使用 AI 工作的基本原则

在对不同工作场景中使用 AI 的方式展开详细说明之前，我们首先简单说明在使用 AI 工具时可以采用的一些基本方法和需要遵守的主要原则，在你未来的实践过程中，请牢记这些内容：

设定明确的 AI 使用目标

在使用 AI 工具之前，明确目标是至关重要的。AI 是一种强大的工具，能够自动化任务、提供洞察力并生成解决方案，但要想发挥它的最大作用，必须有清晰的使用目标。这些目标将指导 AI 的部署方式以及如何衡量它的成功。

a. 识别合适的应用场景

第一步是确定哪些任务或问题最适合应用 AI。并非所有任务都适合应用 AI。通常，重复性、数据密集型或需要分析的任务更适合 AI 自动化处理。

例如，AI 非常适合处理日常任务，如自动安排日程、生成报告和数据分析。而需要情感智能或深度创造力的任务，比如复杂的决策或人际交往，仍需要人类的干预。例如在营销领域，AI 可以帮助自动分析消费者数据并生成个性化广告推荐。而在医疗领域，AI 可以分析医学影像，帮助医生更快地发现潜在问题。

b. 定义成功指标

一旦确定了 AI 的使用场景，接下来就需要为其设定衡量成功的标准，即关键绩效指标（Key Performance Indicator, KPI）。这些指标可以包括节省的时间、提高的准确率或提升的生产力。这样可以清楚地监控 AI 的表现，并根据结果调整其使用。如果 AI 工具用于客户支持，成功指标可能是它处理了多少查询、响应的准确性和客户的满意度评分。通过设定这些指标，您可以直观了解 AI 工具的效果，并及时做出调整。

理解和优化与 AI 的互动

与 AI 互动的质量直接决定其输出的质量。因此，学习如何与 AI 进行有效互动是非常重要的，尤其是当我们在使用自然语言时。

a. 编写高质量的提示

使用聊天机器人、虚拟助手或文本生成器等AI工具时，提供明确和具体的提示非常重要。清晰的指令能帮助AI生成更精确的响应。

例如，与其说"告诉我关于销售的情况"，不如说"总结上一季度前五名产品的销售表现"。这样，AI能提供更加具体和有用的答案。后面我们会专门讲解如何写出有效的提示词。

b. 迭代和优化输出

AI的初始输出并不总是完美的，因此需要采用迭代的方法来优化输出。通过多次调整提示或输入，用户可以引导AI生成更精确的结果。如果AI工具生成的文本摘要与您的预期不符，您可以修改提示，添加更多背景信息或具体要求，让AI重新生成结果，直到满意为止。

c. 利用AI进行多轮对话

在使用聊天机器人或虚拟助手时，了解如何进行多轮对话至关重要。每次的输入和输出都会影响后续的互动，因此保持对话的一致性非常重要。

例如在撰写营销文案时，您可以与AI助手进行多轮对话。假设最初让AI生成一个针对新产品的简短广告文案，AI提供的初稿可能包含基本信息。接下来，您可以根据文案的风格或措辞要求做出调整，比如说："请用更吸引人的语言表达产品的创新功能。"AI会根据这一反馈重新生成文案，进一步提升质量。随后，您可以继续优化对话，比如："能否在结尾加入促销信息？"这样逐步通过多轮对话打磨文案，能使最终生成的内容更贴合目标客户群体的需求和企业品牌的调性。

将 AI 工具集成到工作流程中

将 AI 成功融入工作流程，不仅仅要使用技术，还要学会如何与人类的工作方式相辅相成。AI 可以帮助自动化日常任务、增强决策能力，并生成人类难以快速处理的洞察。

a. 自动化日常任务

AI 特别擅长处理重复性、耗时的任务，让员工专注于更具创造性和战略性的工作。例如在金融行业，AI 可以自动处理发票、追踪费用和生成财务报告。而在客户服务领域，AI 聊天机器人可以解答常见问题，让人工客服专注于复杂问题。

b. 辅助决策

AI 能够快速分析大量数据并提供可操作的建议，帮助企业做出数据驱动的决策。比如在零售行业，AI 可以分析销售数据，提供库存建议或营销策略。而在医疗领域，AI 可以帮助医生分析患者数据，给出治疗方案。

c. 增强创造力

在内容创作、设计等创意领域，AI 可以生成初步的创意，帮助创作者快速找到方向。AI 工具可以为文案撰写者生成博客文章的初稿，或为设计师提供视觉概念，这样他们就可以在 AI 的基础上进行修改和优化，最终完成符合标准的作品。

确保数据隐私和安全

随着AI工具的广泛使用，数据隐私和安全成为关键问题。许多AI系统依赖大量数据，其中可能包括敏感信息，因此确保数据安全非常重要。

a. 保护敏感信息

处理客户数据、财务信息等敏感数据的AI工具，必须配备强大的安全措施来防止数据泄露。例如美国医疗领域的AI系统必须遵守《健康保险可携性与责任法案》等隐私法规，确保患者数据得到安全保护。同样，处理财务数据的AI工具也需要符合金融行业的安全标准。

b. 遵守数据隐私法律

不同地区的数据隐私法律可能存在差异，确保AI工具符合当地法律至关重要。在欧洲，《通用数据保护条例》要求企业明确如何使用客户数据，并给予用户控制其个人数据的权利。企业在部署AI工具时，需要与法律团队合作，确保符合这些要求。

总之，使用AI工具的基本方法包括设定明确的目标、优化与AI的互动，并将这些工具无缝集成到工作流程中。通过自动化任务、辅助决策和支持创意工作，AI工具可以显著提高个人和企业的生产力和创新能力。然而，我们在享受AI带来的便利时，也必须优先考虑数据隐私和安全，确保其使用符合不同国家和地区的法律要求。

关键技巧：写出有效的提示词

确定你想要的答案

在工作中有效使用AI工具的关键步骤之一是澄清你的需求。这意味着在与AI交互之前，要明确了解你想要实现的目标。通过清晰地了解你所期望的结果，可以以一种帮助AI提供最相关和有用的答案的方式来提出问题或请求。如果没有明确的目标，AI可能会提供过于宽泛、不完整或与具体目标不一致的答案。

澄清需求包括：

1. 确定你希望AI帮助解决的确切问题或任务。

2. 定义问题或任务的范围——需要多少细节，以及存在什么限制。

3. 确保你提供给AI的输入内容是具体且与所寻求的结果相关的。

第一步：确定问题

在与AI交互之前，至关重要的是确定你要解决的具体问题或需要帮助完成的任务。这听起来很简单，但用户往往没有明确的问题就与AI进行互动。如果问题模糊不清，AI可能无法提供正确的结果，因为它不知道你具体的目标是什么。

情境展示（以 ChatGPT 为例）：

对话 1（问题不够明确）

用户：我需要为一个为期三个月的软件开发项目创

建时间表。

ChatGPT：好的！通常情况下，一个软件开发项目
会分为几个主要阶段：启动、开发和结束。你可以为这
三个阶段分别分配时间，例如每个阶段大约持续一个月。
你可能会从需求分析开始，然后是开发阶段，最后进行
测试和发布。这个时间表可以根据项目的具体需求进一
步调整。

对话 2（问题明确）

用户：我需要为一个为期三个月的软件开发项目创
建时间表，项目包括设计、编码和测试三个阶段，每个
阶段大约持续一个月。你能帮我设定每个阶段的关键里
程碑吗？

ChatGPT：好的！以下是一个详细的时间表：

设计阶段（第1—4周）：

•第1周末：需求文档和项目原型确定

•第3周末：UI/UX设计完成

•第4周末：最终设计文档确认

编码阶段（第5—8周）：

•第6周末：核心模块编码完成

•第8周末：全面代码审查和功能性测试

测试阶段（第9—12周）：

- 第 10 周末：第一轮全系统测试完成，修复主要问题
- 第 12 周末：最终测试和发布候选版本确认

在第一个对话中，用户的提问虽然包含了项目的时长，但没有进一步说明项目的具体阶段和目标，因此 AI 只能给出一个较为宽泛的建议，无法细化每个阶段的里程碑。而在第二个对话中，用户明确了项目的各个阶段和要求，AI 因此能够提供更具针对性和细节的时间表，明确标注了每个阶段的关键里程碑。

第二步：定义范围

一旦确定了问题或任务，下一步就是定义你想要的范围。根据你提出请求的方式，AI 系统可以提供不同层次的细节。如果你的请求范围过于宽泛，AI 可能会反馈过多的无用信息；反之，如果请求过于狭窄，你可能得不到所需的信息深度。

情境展示（以 ChatGPT 为例）：

对话 1（问题具体但缺少关键细节）

用户：能帮我介绍一下中国媒体平台上流行的话题有什么吗？

ChatGPT：当然！目前，中国的媒体平台上流行的话题涵盖了多个领域：

· 娱乐和综艺：对影视剧、热门综艺节目的讨论始终居高不下。

· 社会热点：如社会事件、政策变化和公共议题，引发了广泛讨论。

· 科技发展：与 AI、5G 等新技术相关的讨论也在各大平台上持续火热。

· 消费与生活方式：健身、美妆、旅游等话题也是年轻群体关注的焦点。

这些话题在各类媒体平台上都有较高的热度，但具体流行的程度会随着平台和受众的不同而有所变化。

对话 2（问题明确，范围清晰）

用户： 帮我分析一下，2024 年，针对 18—30 岁的年轻群体，短视频和直播平台上最流行的话题有什么？

ChatGPT： 好的！在 2024 年，针对 18—30 岁的年轻群体，短视频和直播平台上最流行的话题包括：

· 时尚与美妆：年轻消费者热衷于通过短视频平台学习最新的美妆技巧、时尚搭配，并参与直播购物活动。

· 健身与健康：随着健康意识的提升，健身打卡和健康饮食分享成了年轻人关注的热门话题，许多健身教练和健康博主在直播中分享专业知识。

· AI 与科技：AI 技术的发展成为年轻人热议的话题，

特别是在短视频平台上，AI 创作、虚拟偶像和 AI 工具的使用吸引了大量关注。

•娱乐与游戏：游戏直播、电竞赛事以及娱乐性话题（如电影、综艺的点评）依然是吸引年轻人的热门领域。

这些话题在抖音、快手和 B 站等短视频、直播平台上尤为流行，符合年轻群体的兴趣和消费习惯。

在第一个对话中，用户没有提供受众群体和平台类型的具体信息，因此 AI 只能给出一个宽泛的回答，涵盖了多个领域的流行话题。而在第二个对话中，用户明确了目标受众（18—30 岁的年轻人）和平台类型（短视频和直播），AI 因此能够提供更具针对性的流行话题分析，帮助用户更好地理解特定平台上的内容趋势。这展示了清晰的定义范围对于获得精准 AI 帮助的重要性。

第三步：提供相关输入

AI 提供的输出质量通常直接与输入质量相关。确保你提供给 AI 的信息清晰且具体，你可以提高获得有用回复的可能性。这可能涉及为 AI 提供上下文、背景信息或约束条件，帮助其量身定制答案。

情境展示（以 ChatGPT 为例）：

对话 1（没有提供参考文案）

用户：帮我写一份针对年轻消费者的运动服装广告

文案。

ChatGPT：好的！以下是一个针对年轻消费者的运动服装广告文案：

"释放你的激情，尽享运动的自由！无论是在健身房、跑道上，还是户外探险，我们的运动服都能为你提供最佳的舒适感和支撑。选择我们的运动服装，挑战自我，突破极限！"

对话2（提供参考文案）

用户：帮我写一份针对年轻消费者的运动服装广告文案。参考这段文案的风格："每一段路程，都是你的赛道。我们的运动鞋，让你走得更远，跑得更快。无论前方有多少挑战，你都将轻松超越。加入我们，走向无限可能。"

ChatGPT：好的！以下是基于您提供的参考文案风格写的运动服装广告文案：

"每一个动作，都是你的舞台。我们的运动服，无论是健身、跑步还是攀登，都能让你始终保持最佳状态。无论前方有多少挑战，你都能轻松应对。加入我们，让每次运动都充满激情与无限可能。"

在第一个对话中，用户没有提供参考文案，导致AI生成的广告文案较为通用，缺乏对具体风格的指导。而在第二个对话中，用户上传了可以参考的具体文案，明确传达了希望的文案风格和语气，AI因此能够根据参考文案的基调提供更符合预期的输出。这展示了通过提供相关输入（如参考文案）可以大幅提升AI生成内容的质量和精确度。

在使用AI工具时，澄清需求至关重要。这确保了AI拥有正确的信息来工作，并能够生成与目标直接相关的答案。关键在于具体：确定问题，定义范围，并提供相关输入。这样做，你可以最大限度地提高AI在解决复杂任务和回答详细查询方面的有效性，不仅节省了时间，还提高了AI系统回应的质量，使你能够更高效地工作并取得更好的结果。

构建高质量的提示

在使用AI工具时，构建高质量的提示至关重要，因为输出的质量直接受问题或请求的准确性和结构的影响。问题越精确、结构越合理，AI就越能理解你的需求并提供相关且有帮助的响应。在这一部分，我们将探讨构建有效提示的技巧，这些技巧能够引导AI生成准确且有用的输出。同时，我们将通过实际示例来演示精心设计的提示对结果的影响。

明确且具体

构建高质量提示最重要的原则是明确性和具体性。AI工具在接收到清晰、明确的指示时表现最佳。模糊的提示往往会导致模糊或不相关的响应，因为AI缺乏足够的指导来了解你期望的内容。

a. 请求的具体性

在要求AI执行任务时，尽可能详细地定义请求的范围，并提供必要的背景信息，以引导AI生成相关答案。一个过于笼统或广泛的提示可能会让AI感到困惑，导致结果不完整或偏离目标。

示例：

· 与其说"总结这份报告"，这个提示太笼统，可能导致产生过于简单的总结，不如更加具体地请求："请总结报告后半部分的关键发现和建议，重点关注下季度的市场营销策略。"这样，AI得到了明确的指示，知道需要关注哪个部分和哪些内容。

· 你希望使用AI为市场推广活动生成内容。与其输入"为一个新型环保水瓶创建一个广告"，这个提示过于笼统，不如更具体地请求："为一个新型环保水瓶创建一个30秒的社交媒体广告，目标人群是18—35岁关注环保的消费者，重点突出其可重复使用的特点和能保持饮品12小时冷藏的功能。"这一明确的提示确保AI理解目标受众、产品特点和广告目的。

b. 避免模糊性

模糊的提示会让AI感到困惑，导致结果偏离目标。避免使用可能有多重解释的术语是非常重要的。如果一个术语有多个含义，请澄清你想要表达的意思。

示例：

· 与其说"最好的产品是什么？"，这个问题过于模糊，可能根据不同的背景产生多种解释（最畅销的产品、评价最好的产品等），不如改成："过去一年中我们的男士冬季服装系列中最畅销的产品是什么？"这减少了模糊性，明确了 AI 应该关注的产品线和时间框架。

• 客户服务经理使用 AI 分析客户反馈。与其问"有哪些问题？"，这种可能会产生各种回应的问题，不如问："在过去六个月中，我们的移动应用程序中最常见的前三个客户投诉是什么？"这个提示引导 AI 聚焦在特定时间段和特定类型的反馈上，确保分析结果更具相关性。

提供背景和约束条件

在提示中提供背景和约束条件是提高 AI 生成响应质量的另一种技巧。背景信息帮助 AI 理解请求的广泛背景，而约束条件则限制响应的范围，确保 AI 集中于最相关的信息。

a. 提供背景信息

背景信息可以帮助 AI 更好地理解请求的细微差别，并相应地调整其输出。如果没有背景信息，AI 可能会提供技术上正确但对你的特定情况没有用处的回应。

示例：

• 与其说"解释一下 AI"，这是一个广泛的请求，可能会导致冗长且无重点的解释，不如通过背景信息提供更多细节，例如"解释一下 AI 如何改善零售业务中的客户服务响应时间"。通过提供零售客户服务的背景，AI 可以缩小范围，提供更适用的答案。

• 业务分析师希望获得关于数字营销的见解。与其问"数字营销是如何工作的？"，不如提出更有效的问题："数字营销策略（如搜索引擎优化和社交媒体广告）如何提高一家小型时尚电子商务企业的在线销售额？"这为 AI 提供了足够的背景，可以帮助 AI 提供有针对性的、实用的见解。

b. 使用约束条件

设置约束条件有助于确保AI关注合适的细节量。如果没有约束条件，AI可能会提供过多的信息或深入不相关的领域。约束条件可以包括字数限制、需要包含或排除的特定信息，或专注于文档的特定部分。

示例：

· 与其说"给我一个总结"，这可能导致冗长的响应，不如添加约束条件："给我一个100字的摘要，概述这篇文章的关键要点。"这确保AI保持在规定的长度内，并只提供最重要的信息。

· 项目经理需要快速了解一份冗长的技术文档。与其说"总结这份文件"，这可能导致过于详细的回应，不如说："请提供《技术报告》第4章中'安全功能'的200字摘要。"这一约束条件引导AI关注特定部分，输出简洁的结果。

使用逐步指令

在给AI复杂的任务时，分步骤指令通常会带来更好的结果。这对涉及多个阶段或详细流程的任务尤为有用。

a. 拆解复杂任务

如果任务过于复杂，难以通过单一提示完成，可以考虑将其拆解为较小的步骤，并让AI逐步处理每一部分。这不仅可以提高输出的质量，还可以增加对过程的控制。

示例：

• 与其说"写一份关于市场趋势的报告"，这可能导致得到结构松散的回应，不如将任务分解为几个部分："首先，确定 2023 年科技行业的三大市场趋势。然后，提供在这些趋势中领先的公司示例。最后，建议我们公司如何抓住这些趋势。"

• 产品开发经理希望 AI 帮助起草一份提案。与其说"起草一份提案"，这个请求模糊且开放性太强，不如将任务分解为几个步骤："首先，为推出新移动应用程序的提案提供一个大纲。接下来，写一个两段的执行摘要。最后，建议三个潜在的产品开发和发布时间表。"

b. 迭代提问

有时，通过迭代提问或提供附加指令，可以优化 AI 的输出。可以先从一个广泛的请求开始，然后通过后续的提示不断收窄或聚焦。

示例：

• 你可以先问："当前数字营销的最新趋势是什么？"在收到广泛的回应后，你进一步细化问："能否专注于与影响者营销和社交媒体平台相关的趋势？"这种迭代过程允许你引导 AI 提供更具体、更相关的信息。

• 首席执行官询问 AI："2024 年领导力面临的最大挑战是什么？"收到一般列表后，CEO 可以跟进问："能否详细说明远程工作环境中的领导力挑战与传统办公室环境有何不同？"这一后续提问增加了特异性，有助于 AI 在特定领域提供更深入的见解。

请求示例或对比

向AI请求信息或建议时，要求提供示例或对比可以帮助澄清输出，并提供更多可操作的见解。这个技巧允许AI将其回答与实际场景联系起来，使响应更加实用和相关。

a. 请求示例

请求示例有助于使抽象概念更具象化并易于理解。

这也为AI提供了展示其建议如何在实践中应用的机会。

示例：

• 与其问"哪种领导风格最好？"，不如更有效地询问："管理远程团队的最佳领导风格是什么？能否提供成功领导者如何应用这种风格的示例？"

• 营销总监希望获得客户保留策略的建议。与其问"如何留住客户？"，不如问："能否提供三种成功的电子商务公司使用的客户保留策略示例？"这一请求提供了实际的、可直接应用的见解。

b. 使用对比

对比有助于AI区分选项，使评估哪个解决方案或方法更适合你的需求变得更容易。通过请求AI对比两种或更多的替代方案，你可以更清楚地了解它们的优缺点。

示例：

• 与其问"哪种项目管理软件最好？"，不如说："对比Asana、Trello和Monday.com这三种AI项目管理软件，在管理中型团队产品开发项目方面的功能。"

• 首席财务官在选择投资策略时，不应只是简单地问"哪个投资策略更好？"，因为这样的问题太宽泛。更好的方式是问："如果投资高风险的科技股组合和多元化的指数基金，它们的长期风险和收益分别是什么？"这样，AI 可以根据具体的投资方案进行对比分析，帮助首席财务官更轻松地做出选择。

构建高质量提示对于充分利用 AI 工具至关重要。通过明确、提供背景信息和约束条件、使用逐步指令以及请求示例或对比，你可以引导 AI 生成更准确、实用和可操作的响应。AI 的有效性取决于其接收到的输入的质量，学习如何构建明确的提示将帮助你充分发挥 AI 在工作中的潜力。

- 在请求中保持清晰和具体。
- 提供背景信息和约束条件以引导 AI 聚焦。
- 将复杂任务拆解为较小的步骤，并通过后续提示迭代优化。
- 请求示例或对比，使响应与实际场景挂钩。

掌握这些技巧后，你可以更有效地与 AI 工具互动，获得最相关且可操作的见解，满足你的需求。

注意：AI 是有偏见的

AI 系统依赖大量数据来提供洞察、做出决策并完成任务。然而，由于 AI 从人类生成的数据中学习，总会有偏见引入的风险，这可能导致误解和偏差输出。偏见可以通过多种形式表现出来，包括偏差的结果、不公平的推荐或不完整的信息。为了防止 AI 延续或放大偏见，了解偏见的来源并采取相应的策略来减少偏见至关重要。

AI 偏见的主要来源通常根植于系统训练数据或算法设计中。要防止误解和产生偏差结果，首先需要了解这些来源：

训练数据偏见

AI系统的表现取决于训练数据的质量。如果训练数据本身就存在偏见——某些群体、情况或偏好在数据中表现失衡或不准确——AI将学习并在其输出中延续这些偏见。例如，假设一个用于招聘决策的AI工具是基于一个以男性为主的行业的简历数据进行训练的，它可能会无意中偏向男性候选人，因为其缺乏多样化的训练数据。

文化或情境偏见

如果AI系统在一种文化背景下进行训练而在另一种文化中应用，没有考虑差异，它可能会出现文化或情境偏见。例如，在西方商业环境中训练的AI，可能在应用于非西方国家时表现不佳，因为它缺乏适应不同文化情境的敏感性。

算法偏见

即使训练数据相对无偏见，处理数据的算法也可能引入偏见。AI系统根据数据中的模式和关联做出决策，但这些模式可能反映了社会中的系统性偏见，例如种族、性别或社会经济偏见。如果AI没有对此进行调整，就可能会强化这些模式，导致偏差的结果。

对于AI中存在的偏见，我们应该有充分的认识，并在使用各类AI进行协作的时候多加留意，尽量避免偏见决策带来的负面后果。

人与AI应该如何分工

为了在工作场所与AI有效协作，了解其优势和局限性至关重要。

AI在自动化、数据分析和模式识别等领域具备强大的能力，但它也存在固有的缺陷。了解这些局限性有助于避免对AI产生不切实际的期望或获得不理想的结果。

AI的优势

AI在处理大量数据、自动化重复任务以及基于数据模式做出决策方面表现出色。通过利用这些优势，AI可以显著提高生产力、效率和准确性。

a. 数据处理与分析

AI的一大优势在于它可以快速、准确地处理和分析大量数据。传统的数据分析通常耗时且容易出错，而AI系统能够在几秒钟内筛选大型数据集，发现可能需要人类更长时间才能发现的模式、趋势和洞察。

AI可以用于金融服务中实时分析市场数据，基于当前趋势识别投资机会或风险。AI驱动的分析工具可以处理历史数据，预测未来的市场行为，并生成比人类分析师更好的投资建议。

示例：

· 一个电商平台使用AI分析客户的购买历史、浏览行为以及市场趋势，帮助商家推荐相关商品，并自动调整库存供应，以满足即将到来的需求高峰。AI还可以实时分析销售数据，识别热销产品并建议推广策略。

· 一位小红书博主使用AI分析粉丝的互动数据，包括点赞、评论和转发，来确定哪些内容类型最受欢迎。AI根据用户的性别、年龄和兴趣，识别出博主粉丝最喜欢的主题，例如健身、护肤或旅行，从而帮助博主针对不同的用户群体定制不同的内容。同时，AI可以分析当前流行的标签和话题趋势，建议博主在下一期内容中加入这些热门元素，以提高曝光率和用户参与度。

• 一家出版公司利用AI分析近期畅销书的销售数据和读者评论，发现科幻和悬疑类小说在年轻读者群体中越来越受欢迎。通过进一步分析不同平台（如电商网站、社交媒体和书评平台）的数据，AI建议出版公司增加这两类书籍的出版数量，并优化营销策略。出版公司还利用AI生成的关键词分析，帮助作者和编辑为新书撰写更具吸引力的书名和简介，从而提升了书籍在电商平台的搜索排名和点击率。

b. 自动化重复任务

AI的另一个主要优势是能够自动化重复性任务，使人类员工可以专注于更具战略性、创造性或复杂性的工作。AI可以处理数据输入、安排日程、电子邮件分类等常规任务，这些任务不需要深刻的人类洞察力。

比如在客户服务中，AI驱动的聊天机器人可以自动回答常见问题、预约或引导用户进行故障排除步骤。这减轻了人类支持人员的工作量，使他们能够专注于解决更复杂的问题。

示例：

• 一家电商公司使用AI来自动化处理订单和售后服务。AI系统能够自动分类和处理大量订单，自动发送发货通知，并处理客户的常见问题，如如何退换货、如何查询物流状态等。通过自动化这些重复性任务，公司员工可以将更多的精力放在提升客户体验和处理复杂的售后问题上，从而提高整体运营效率。

• 一个人力资源部门使用 AI 自动筛选求职申请。AI 可以在短时间内审阅数百份简历，基于关键词和职位描述快速识别符合条件的候选人。

• 一家律师事务所使用 AI 系统来自动化合同审查过程，AI 能够快速扫描合同条款，标记出潜在的风险条款或法律问题。通过自动化文档审查，律师们可以将更多时间投入到复杂案件的战略分析中，从而提高客户服务质量，并减少人为错误的风险。

c. 模式识别与预测分析

AI 在识别模式并使用这些模式进行预测方面表现尤为出色。机器学习算法可以在数据中检测到人类无法立即察觉的细微模式，这使得 AI 在需要基于历史数据预测未来结果的领域非常有价值。

示例：

• 一位小红书的美妆博主利用 AI 分析其过去发布的视频数据，AI 发现观众对某些类型的视频，如"简单日常妆"和"新品测评"，互动率最高。AI 通过模式识别，帮助博主了解到这些视频在发布后的两周内通常会有更高的观看量，随后逐渐减少。基于这些分析，AI 预测未来几周类似的"秋冬护肤新品推荐"话题可能会成为热门趋势。

• 一家大型零售商通过 AI 分析过去几年的销售记录，发现每年某些季节某类产品销量大幅增加。AI 根据这一模式预测了下一个销售旺季的具体需求，帮助零售商提前准备库存和营销活动。这不仅减少了商品积压，还有效提升了销售额。

· 在医疗保健中，AI可以分析病历和影像数据，以检测疾病的早期迹象。例如，AI系统越来越多地用于协助放射科医生识别X光片或MRI中的肿瘤，常常能发现人眼可能遗漏的异常。

d. 全天候可用性和可扩展性

AI系统不会因为疲劳而受限，适合需要持续监控、操作或互动的任务。AI驱动的流程可以全天候运行，确保关键任务按时完成或服务始终可用。

示例：

· 一家全球电子商务公司使用AI聊天机器人处理不同时区的客户询问，确保客户无论身处何地，都能随时获得帮助。这提高了客户满意度，同时缩小了需要轮班工作的客户服务团队的规模。

· 在网络安全领域，AI系统持续监控网络流量，检测异常模式或潜在威胁。由于这些系统全天候运行，它们可以实时检测并响应安全漏洞，将网络攻击造成的损害降到最低。

AI的局限性

尽管AI在某些领域表现出色，但它也有一些重要的局限性。这些局限性使得过度依赖AI可能带来问题。AI并非万能，在某些领域，人类的直觉、创造力和伦理判断仍然不可替代。

a. 缺乏人类的创造力和直觉

AI的一大局限是无法复制人类的创造力和直觉。尽管 AI 可以基于现有数据生成想法、解决问题并识别模式，但它缺乏进行原创性思考、想象或基于抽象推理（或情感智能）做出决策的能力。

示例：

· AI 可以协助生成新产品的设计选项，但它缺乏人类设计师的创造性本能，无法超越现有概念进行创新或将艺术表达融入最终产品中。

· 一个营销团队可能使用 AI 根据流行话题生成博客文章想法，但要创作真正引人入胜且令人难忘的内容，依赖于人类经验的受众理解、语调把握和文化相关性至关重要。

b. 对上下文和细微差别的有限理解

AI 在理解上下文、细微差别和人类语言或行为的微妙之处方面经常遇到困难。虽然 AI 可以根据模式处理信息，但它可能无法掌握某些任务中至关重要的深层含义或细微差别，如解释法律合同、分析社会或文化趋势，或提供富有同理心的客户服务。

示例：

· 一个法律 AI 工具可以扫描合同中的特定条款，但可能会忽略一些语言中的细微差别，这些细微差别可能会显著改变合同的含义。人类律师能够理解更广泛的背景及措辞的含义，使其专业知识不可替代。

· 一个 AI 客户服务聊天机器人可以准确回答诸如"你们的营业时间是什么？"之类的事实性问题，但可能无法处理更复杂的情感或情境性问题，如："我的订单迟到了，我很不高兴——你能帮我做什么？"而人类客服能够更好地用同理心处理这种情况。

c. 对高质量数据的依赖

AI的有效性与其接收到的数据质量和数量直接相关。如果训练数据存在偏见、不完整或过时，AI的输出将反映这些缺陷。AI无法弥补数据中的差距或错误，这使得在数据质量有问题的情况下，其可靠性会下降。

示例：

· 在招聘过程中，一个基于历史数据训练的AI工具可能会无意中偏向某些人口群体，延续现有的偏见。如果没有仔细的监督，AI可能会强化而不是消除歧视。

· 一个用于医疗保健的AI系统，如果其训练数据缺乏某些人口群体或罕见病的代表性，可能会误诊患者。在这种情况下，必须由人类医生介入，以提供更全面和准确的诊断。

d. 道德与伦理判断的缺乏

AI缺乏做出道德或伦理判断的能力。需要考虑价值观、社会规范或伦理困境的决策超出了AI的能力范围。在需要公平、正义或伦理推理的领域，必须有人的监督。

示例：

· AI越来越多地用于司法系统中，以评估风险和提供量刑建议。然而，这些系统无法衡量其决策的更广泛的道德和社会影响，因此人类法官在维护公正和问责方面仍然不可或缺。

· 一家公司使用AI分配资源或优先处理客户时，如果AI优先考虑效率而忽视公平，可能会无意中使弱势群体处于不利地位。人类决策者必须确保AI的建议符合伦理标准和组织价值观。

e. 过度依赖与缺乏灵活性

AI系统有时会导致过度依赖，用户过于依赖技术，而忽视了批判性思维或人类判断。此外，当面对其编程或数据集之外的新情况或任务时，AI可能表现出缺乏灵活性。

示例：

· 在医疗保健中，医生如果过于依赖AI驱动的诊断工具，可能会忽略AI系统无法检测的罕见病或异常症状。医务人员需要保持其批判性思维技能，并继续参与决策过程。

· 在物流领域，AI系统可能会基于过去的交通数据优化送货路线，但它可能无法应对如道路封闭或恶劣天气等突发事件。在这种情况下，需要人类的干预来实时调整计划。

什么样的工作适合人类？

尽管AI可以高效处理许多任务，但在某些领域中，人类的专长是不可替代的。这些任务通常涉及创造力、情商、伦理决策和战略思维。

a. 创造性思维与创新

AI可以协助生成想法或提供数据驱动的见解，但它无法替代人类的深度创造力。人类擅长想象新的可能性、创造创新的解决方案，并跳出现有框架进行思考，尤其是在设计、营销和产品开发等领域。

适合人类的创造性任务有：

· 战略规划：人类在制定长期战略时表现更好，这涉及数据、直觉和创新的结合。

· 艺术创作：需要创造力的任务，如设计新产品、写作或创作视觉艺术，最适合人类处理。

· 问题解决：人类更擅长解决需要灵活思维和适应新情况或意外事件的复杂问题。

b. 伦理与情感决策

AI缺乏做出伦理或情感决策的能力，而这些在许多人类互动中至关重要。涉及同理心、道德判断或对人类价值的深刻理解的任务应由人类掌控，因为AI无法有效衡量其行动的情感或社会影响。

适合人类的伦理与情感任务有：

· 冲突解决：调解员工、客户或利益相关者之间的纠纷需要情商和识别微妙的社交线索的能力，这是AI无法做到的。

· 医疗保健与护理：尽管AI可以辅助诊断和行政任务，但人类医生和护理人员提供了对患者护理所需的同理心、理解和道德判断。

· 领导与管理：做出影响他人福祉的决策，制定公司文化以及激励团队的任务需要人类的同理心、远见和伦理考量。

c. 建立关系与信任

人际关系，尤其是在销售、咨询和团队管理等领域，依赖于信任、融洽的关系和个人联系。尽管AI可以自动化某些沟通方面的任务，但它无法替代建立长期关系所需的深度人际互动。

适合人类的关系建立任务有：

• 客户管理：开发和维护客户关系需要个人的关注、理解客户需求以及建立信任的能力。

• 团队领导：领导一个团队不仅仅是管理任务，它还包括激励、指导和理解团队成员的情感需求。

• 复杂问题的客户支持：对于涉及敏感或复杂情况的客户咨询，人类代理人更能应对这些对话中的情感方面，并找到适当的解决方案。

通过结合人类输入最大化 AI 的潜力

最有效的利用 AI 的方法是创建协作工作流程，使 AI 与人类互补。通过适当地在 AI 与人类之间分配任务，组织可以提高效率、改善决策并提高整体绩效。在许多场景中，AI 可以作为支持工具，提供数据驱动的见解或处理常规任务，而人类则继续负责战略决策和领导。这种平衡可以让 AI 提高人类的生产力，而不会取代人类的判断。

a. 协同决策

在复杂的决策场景中，AI 可以提供数据驱动的洞察和预测，但需要人类输入来解释结果，考虑情感或伦理问题，并做出最终决策。

示例：

• 在企业战略决策中，AI 可以通过分析市场数据、竞争对手动向和行业趋势，来提供未来发展方向的建议。然而，企业高管需要结合公司的文化、员工的感受以及长远的企业使命，做出最终的战略决策。

• 在投资管理中，AI 可以分析市场趋势并建议最佳投资组合，但人类顾问需要根据客户的风险偏好、长期目标和伦理考虑量身定制这些建议。

· 在自媒体的内容创作决策中，AI可以分析近期平台上的热门话题、流行趋势以及用户互动数据，建议自媒体博主创作某类内容以提高曝光率。然而，博主需要结合自己的内容风格和粉丝群体的偏好，决定是否跟随这些趋势或保持独特的创作路线。

· 在自媒体的展示设计决策中，AI可以通过分析过去的视频数据、点击率和用户反馈，建议博主使用某些关键词或设计特定的封面风格来提升点击率。尽管AI的建议有数据支持，博主还需要考虑自己的内容定位和创作风格，调整标题和封面的设计。

b. 用AI处理常规任务，人类专注于战略性工作

通过自动化常规或耗时的任务，AI可以解放人类工作者，使他们能够专注于更具战略性、创造性或以关系为基础的工作。这种劳动分工最大限度地提高了生产力，并确保AI和人类都在各自的优势领域做出贡献。

示例：

· 在客户服务中，AI聊天机器人可以处理基本的查询，而人类客服则可以应对更复杂的需要同理心、解决技巧的问题，并管理情况复杂的事宜。

· 在人力资源管理中，AI可以自动筛选求职者的简历，基于关键词和技能匹配度快速筛除不合适的候选人。这使得招聘人员可以专注于面试阶段，评估候选人的软技能、文化适应性和团队契合度。

· 在市场营销中，AI可以自动化处理大量的客户数据，分析用户的购买行为和市场趋势，生成报告。这让营销团队能够腾出时间，专

注于战略制定和与客户建立深度关系，打造更有针对性的品牌推广策略。

· 在法律行业，AI 可以自动处理大量法律文档的审查工作，标记出常见的风险条款和合同中的潜在问题。律师则可以将更多时间放在复杂案件的诉讼策略制定上，并与客户进行更深入的沟通和讨论。

建立高效的人机协作流程与丰富的工具箱

要充分利用 AI 的优势，必须建立高效的协作流程并实施合适的工具链，使 AI 系统和人类工作者之间的互动更加顺畅。这些流程和工具可以确保 AI 补充人类的专长、简化工作流程并提高生产力。

想让 AI 处理其最擅长的任务（如自动化、数据分析和模式识别），而人类专注于需要创造力、战略思维和伦理判断的任务，其挑战在于如何高效地整合 AI 与人类，使他们能够相互配合，从而提升整体效能。

a. 明确角色和职责

为了使 AI 与人类之间的协作有效，重要的是明确双方的角色和职责。这确保了 AI 用于其能提供最大价值的领域，同时人类保留在灵活性、同理心和战略思维方面的控制权。

b. 工作流程整合

一旦角色明确，必须构建工作流程，以确保 AI 与人类任务无缝集成。这通常涉及让 AI 处理初步或重复性任务，然后由人类介入进行决策、增加价值或最终完成工作。

为 AI 与人类协作选择合适的工具链

为了更好地提升工作效率和生产力，建立一个属于自己的强大 AI 工具箱至关重要。我们可以结合项目管理工具如 Asana、Trello 或 Monday.com 来高效分配任务和跟踪项目进展，同时利用像 ChatGPT 这样的语言模型助手进行内容创作和数据分析，或者依赖 Claude 提供更高的安全性和控制性。对于视觉创意，Midjourney 可以帮助快速生成高质量图像，Google Bard 则能通过精确的信息检索为我们提供简明的知识解答。无论是自动化重复任务、生成内容还是优化团队协作，这些 AI 工具都能帮助我们更专注于战略性和创造性的工作，从而最大化生产力并实现业务目标。

下面先为大家展示一些目前常用的具有不同功能的 AI 工具，后面在涉及一些具体工作任务的时候，我们还会有所介绍。

大语言模型与文本生成工具

· ChatGPT 是 OpenAI 开发的强大语言模型，通过 NLP 生成对话、回答问题、辅助写作和总结文本。它广泛应用于客户服务、内容创作、代码编写和翻译等领域，帮助用户高效完成语言相关任务。通过输入文本提示，用户可以获得准确、流畅的对话和内容生成。

· Google Bard 是谷歌推出的 AI 文本生成和会话模型，专注于帮助用户生成简明而准确的文本回答。Bard 利用了谷歌庞大的数据资源和机器学习技术，特别适合用于快速检索信息、总结复杂主题并提供简洁回答。

· Claude 是由 Anthropic 开发的一款高级自然语言处理工具，专注于提供安全、可靠的 AI 对话服务。Claude 能够处理多种任务，包括内容生成、信息总结和复杂问题解答。其特色在于对安全性和可控性的特别关注，通过多层次的安全措施，确保输出内容符合用户意图，减少有害信息的生成。用户可以通过输入文本指令与 Claude 进行自然交互，Claude 适用于写作辅助、客户支持和商业分析等场景，特别是在对 AI 系统有较高安全性要求的行业中表现出色。

图像生成 AI

• Midjourney 是一款生成式 AI 工具，用户通过输入文字描述，AI 会自动生成艺术作品、插图和设计图像。它运用深度学习技术，将创意转化为视觉效果，特别适合设计师、创作者和艺术家在项目中快速生成高质量的图像内容。Midjourney 能根据不同的风格需求，生成各种类型的图像。

• DALL·E 是由 OpenAI 开发的另一款强大的生成式图像工具。用户通过简单的文本描述，即可生成创意十足的图像、插图等。这一工具能够理解用户描述中的细节和风格要求，快速生成符合需求的视觉内容。

客户支持 AI

• Zendesk 是一款客户支持平台，专注于通过多渠道（如电子邮件、聊天和社交媒体）为企业处理客户查询。它的 AI 功能可以自动处理常见问题回复和工单管理，减轻人类客服的负担。其自动化聊天机器人能够全天候支持客户，优化服务效率。用户可以设置自动回复规则，利用其 AI 功能自动分配工单，同时让人类客服处理更复杂的问题。

• Intercom 是一个客户消息平台，集成了 AI 驱动的聊天机器人，帮助企业自动化客户互动、支持销售对话和管理客户关系。它的特色在于易用的界面和智能聊天功能，能够自动分类客户请求并转交给人类客服处理。用户可以将其聊天窗口嵌入网站或应用中，利用AI工具自动回复常见问题，提升客户体验。

数据分析AI

· Tableau是一款强大的数据可视化工具，通过拖放操作，用户可以将复杂数据转化为交互式图表和报告。它具备AI功能，能够自动识别数据中的趋势和异常，帮助用户更快速地获得洞察。用户可以导入数据集，轻松创建图表，并利用AI生成的分析建议，挖掘隐藏的模式和趋势，优化数据驱动的决策。

· Power BI是微软开发的商业智能工具，帮助企业可视化、分析和分享数据。它的AI功能能够通过自然语言查询和机器学习模型自动生成数据洞察，支持更智能的决策。集成微软其他工具（如Excel和Azure）的功能，用户可以上传数据源，创建自定义仪表盘，并使用AI分析数据中的模式和预测未来趋势。

AI写作助手

· Jasper是一款AI驱动的内容生成工具，用户通过输入简单提示可以快速生成文案、博客文章和广告内容。其强大的AI能够根据不同的语气和风格生成多样化的内容，节省了创作时间。用户只需提供基本主题或提示，Jasper就能生成完整的内容草稿，供用户编辑和优化，最终输出高质量的成品。

· Grammarly是一款语法检查和语言优化工具，利用AI检测文本中的拼写、语法错误，并提供风格和语气的改进建议。它不仅能纠正错误，还可以根据写作目标提供个性化反馈。用户可以上传文档或直接使用Grammarly插件，它会自动标记问题并建议更改，帮助用户优化文本质量。

项目管理

• Asana是一款功能强大的项目管理工具，帮助团队协调工作、分配任务并跟踪项目进展。它支持任务的创建、分配和时间安排，并通过清晰的任务列表和时间线视图，帮助团队成员保持一致。Asana的优势在于它的灵活性，适合各类团队和各种规模的项目，且可通过自动化规则优化任务分配和工作流管理。

• Trello是一个以看板视图著称的项目管理平台，利用卡片和列表的形式管理任务。它简单直观，适合小型团队和个人使用。Trello让用户通过拖放操作轻松管理任务进度，每个任务可以添加注释、标签和截止日期，提升任务管理的可视化程度。Trello也支持第三方应用集成，进一步提升工作效率。

• Monday.com是一款高度可定制化的项目管理工具，支持团队规划、跟踪和协作各种类型的项目。它提供丰富的数据视图选项，包括时间线、日历和看板视图，并集成了自动化功能，帮助团队减少重复性工作。Monday.com 特别适合那些需要复杂工作流和跨团队协作的企业，提供了对工作进度、任务分配和团队沟通的全面管理能力。

内容生成和演示（PPT）工具

• Gamma是一款基于AI的内容生成和演示工具，专为快速创建互动演示文稿、报告和文档而设计。用户只需提供简单的文本提示，Gamma的AI即可自动生成内容框架，并处理布局和设计，确保最终输出美观专业。它支持嵌入图片、视频、可视化数据等元素，使演示

文稿更具互动性，适合商业报告、团队展示、计划书等场景。Gamma
帮助用户专注于内容创作，简化设计和排版流程，大幅提升制作效率。

· Beautiful.ai 是一款智能演示文稿工具，利用 AI 帮助用户自动设
计每一张幻灯片。它提供了多种模板，用户只需添加内容，AI 会自动
调整布局，确保幻灯片美观且统一。非常适合那些需要快速制作简洁、
专业演示文稿的人。

在接下来的实践篇中，我们将详细阐述如何利用人工智能工具来
应对和完成各种不同类型的工作任务。我们会具体介绍这些工具的应
用场景、优势以及实际操作步骤，帮助读者更好地理解和掌握如何在
实际工作中运用这些先进的技术手段。

人机协作的挑战

随着 AI 日益融入各行各业和工作流程，人与机器的协作正在不断
演变。这种协作带来了诸多优势，包括提高生产力、决策能力以及创
新问题解决方法。然而，这也伴随着信任问题、伦理担忧以及对新技
能需求的挑战。

信任与责任归属

人机协作的最大挑战之一是建立对 AI 系统的信任。虽然 AI 能够
处理数据并提供建议，但在人类看来，对机器做出的决策可能难以完
全信任，特别是在高风险环境中。这种信任缺乏可能导致对 AI 的抵
制，以及 AI 能力的不足利用。

此外，当基于 AI 建议做出决策时，责任归属问题也随之而来。在
AI 系统出现错误或做出偏颇决策时，可能难以确定责任归属。例如，

如果 AI 驱动的招聘工具做出了有偏见的结果，可能无法立即明确是算法、训练数据还是人类操作者的责任。组织需要建立明确的责任框架，以减少这些问题在 AI 决策中的负面影响。

技能缺口与劳动力适应

将 AI 融入工作流程需要员工开发新技能，以有效地与机器协作。随着 AI 接管重复性任务，传统的角色正在发生变化，员工需要管理、监督和与 AI 系统互动。这一职责变化需要培训和技能提升，以确保员工能够适应角色需求的变化。

例如，客户服务岗位的员工可能需要学习如何与 AI 驱动的聊天机器人或虚拟助手协作。在制造业中，工人可能需要了解如何编程和维护 AI 驱动的机器人。组织必须投资于技能提升和再培训计划，以确保员工能够有效地与 AI 系统协作，并继续在工作中创造价值。

伦理问题与偏见

AI 系统的质量依赖于其训练数据，如果数据中存在偏见，AI 可能会产生有偏见的结果。这是人机协作中面临的重大挑战，因为有偏见的 AI 决策可能会延续甚至加剧歧视和不平等。例如，有偏见数据的 AI 招聘工具可能会倾向于某些特定人群，导致不公平的招聘行为。

在数据隐私和监控方面，伦理问题也随之而来。收集和分析个人数据的 AI 系统必须遵守严格的隐私法规，以保护个人权利。组织需要对 AI 的使用保持透明，确保其 AI 系统不受偏见影响，并实施关于 AI 技术开发和部署的伦理准则。

过度依赖 AI

虽然 AI 可以提高生产力和决策能力，但存在过度依赖 AI 系统的风险，可能会削弱人类的判断力。在某些情况下，组织可能过度依赖AI，认为机器是无懈可击的，其决策总是正确的。这可能导致人类监督的减少，无法及时发现错误。

例如，在金融市场中，过度依赖AI驱动的交易算法曾多次引发"闪崩"，即自动化交易导致市场的显著波动。在医疗领域，过度依赖AI诊断而没有人工审查，可能导致误诊或不当治疗。为减少这种风险，AI系统应被用作辅助人类决策的工具，而非完全替代人类判断。

工作岗位流失与经济影响

AI在职场的广泛应用引发了人们对工作岗位流失的担忧，特别是那些涉及重复性、常规任务的岗位。随着AI接管这些任务，一些工人可能会变得多余，导致某些行业的失业问题。这引发了人们对经济分化的担忧，尤其是低技能工人可能会受到AI驱动自动化的不成比例的影响。

然而，虽然某些工作可能会被取代，但AI也创造了新的就业机会，特别是在AI开发、数据科学和AI伦理等领域。对于组织和政府而言，挑战在于确保受影响的工人能够通过再培训和职位转型计划获得支持。通过投资教育和劳动力发展，企业可以帮助工人过渡到与AI技术互补的新角色，而非与其竞争。

总而言之，人机协作为我们的工作带来了显著的优势，同时也伴随着一系列复杂的挑战。一方面，AI提升了我们的工作效率、决策能力和创新水平，帮助我们更好地应对复杂任务并适应新的市场需求。另一方面，信任问题、责任归属、AI偏见、技能差距以及潜在的岗位流失等挑战必须得到妥善应对，才能确保AI在职场中以负责任的方式被有效利用。要想在人机协作中取得成功，个人和团队需要不断学习新技能，保持对 AI 工具的透彻了解，并树立明确的伦理责任感，确保 AI 的使用符合道德和社会规范。

AI改变工作方式的案例

企业成功应用AI的案例分析

AI在多个行业中取得了显著进展，改变了企业的运营方式，推动了效率、创新和收入增长。各行业的企业正在利用AI技术自动化流程、增强决策、个性化客户体验和优化资源配置。下面是几个企业成功应用AI的案例，展示其如何革新业务运营和提升成果。

零售行业中的AI：沃尔玛的供应链优化

作为全球最大的零售商之一，沃尔玛成功将AI集成到其供应链管理中，使其运营更加高效并提高了客户满意度。沃尔玛利用AI进行需求预测、库存管理和配送路线优化，简化了供应链并降低了运营成本。

沃尔玛通过AI算法分析历史销售数据、客户行为、天气模式和当地事件，准确预测各个门店的产品需求。通过预测哪些产品可能会有较高的需求，沃尔玛能够优化库存水平，避免缺货或库存过度。AI驱动的需求预测显著提高了沃尔玛满足客户需求的能力，同时减少了浪费和库存过剩。

除了需求预测，沃尔玛还使用AI系统自动化库存管理。这些系统实时跟踪库存，当库存水平低于某个阈值时自动重新订购产品，从而减少管理库存的手动工作，确保门店始终有畅销产品供应。AI还帮助识别销售不佳的产品，使沃尔玛能够采取纠正措施，例如调整价格或进行促销。

沃尔玛的AI系统在优化在线订单的配送路线方面也发挥了关键作用。通过AI驱动的路线规划算法，沃尔玛能够根据交通状况、天气和配送时间窗口确定最有效的配送路线。这不仅减少了燃料成本，还能确保客户按时收到订单，提升了客户整体满意度。

AI在供应链中的成功应用，使沃尔玛降低了运营成本，提高了库存准确性，增强了客户体验，使其在零售行业中保持竞争优势。

医疗保健中的AI：梅奥诊所的早期诊断

著名医疗保健机构梅奥诊所通过AI技术改善了患者护理，尤其是在早期诊断和制订个性化治疗计划方面。梅奥诊所使用AI分析大量医学数据，包括患者记录、医学影像和基因信息，帮助医生更快、更准确地进行诊断。

梅奥诊所使用AI驱动的医学影像工具来分析X光、MRI和CT扫描，帮助放射科医生识别可能表明疾病的异常情况，例如癌症。AI算法通过训练识别与特定疾病相关的医学影像模式，使医生能够早期检测到人工可能遗漏的疾病。例如，AI工具能够在胸部X光片上检测肺结节，这可能是肺癌的早期迹象，精度和速度都超过了放射科医生。

梅奥诊所还使用AI开发预测模型，帮助医生为患者制订个性化的治疗计划。通过分析患者的医疗历史、基因、生活方式和治疗结果，AI算法能够预测患者对不同治疗的反应。这使医生能够做出更明智的决策，选择最可能成功的疗法，从而改善患者的治疗效果。

例如，在癌症治疗中，AI模型能够预测患者的癌症对化疗的反应，从而帮助医生制订副作用最小、效果最大的个性化治疗方案。由AI驱动的这种个性化医学方法正在革新梅奥诊所的医疗服务。

AI在梅奥诊所的另一个应用是临床试验匹配。AI系统分析患者数据，识别符合正在进行的临床试验条件的患者，确保更多患者能够获得最前沿的治疗。通过更快地匹配患者与合适的试验，梅奥诊所能够加速新疗法的开发，并为患者提供潜在的治疗方案。

梅奥诊所通过AI进行的早期诊断和个性化医疗展示了AI如何提高医疗质量、减少诊断错误并为患者提供量身定制的治疗方案，从而增加康复机会。

金融行业中的AI：摩根大通的欺诈检测与风险管理

作为全球领先的金融服务机构，摩根大通利用AI技术增强了其欺诈检测和风险管理能力。金融行业容易受到欺诈和安全漏洞的影响，而摩根大通使用AI保护客户并确保合规性。

摩根大通使用AI和机器学习算法实时监控交易，并检测潜在的欺诈活动。这些AI系统经过训练，能够识别交易数据中的模式和异常现象，如异常消费模式、大额提款或未经授权的账户访问。随着从新数据中不断学习，AI系统能够随着时间推移提高准确性，减少误报，并确保合法交易不会被不必要地标记。

例如，如果客户突然在没有旅行历史的情况下进行大额国际购买，AI系统可能会将该交易标记为可疑，并提示采取额外的安全措施，如联系客户或暂时阻止交易。这种主动的欺诈检测方法使金融诈骗事件显著减少，保护了公司和客户的安全。

除了欺诈检测，摩根大通还利用 AI 进行风险管理和确保合规。AI 驱动的模型分析市场数据、经济指标和地缘政治事件，预测对银行资产组合的潜在风险。这些洞见使银行能够就投资、信贷风险和资本配置做出数据驱动的决策，最大限度地减少金融风险，确保符合监管要求。

AI 工具还协助进行压力测试，即银行模拟不利经济情境，以评估其应对金融冲击的能力。通过使用 AI 模拟这些情境，摩根大通能够识别运营中的脆弱点，并采取预防措施来减轻风险。

摩根大通通过 AI 进行的欺诈检测和风险管理，使其能够保护金融系统、提高运营效率，并保持作为受信赖金融机构的声誉。

制造行业中的 AI：通用电气的预测性维护

全球工业制造巨头通用电气（GE）在其运营中集成了 AI 技术，以提高制造流程的效率。通用电气在预测性维护方面取得了显著成功，这帮助公司预防设备故障、减少停机时间并提高整体生产力。

通用电气使用 AI 驱动的预测性维护系统监控其工业设备的性能，如涡轮机、喷气发动机和制造机械。这些 AI 系统分析嵌入设备中的传感器数据，包括振动水平、温度、压力和操作性能指标。通过持续分析这些数据，AI 模型能够预测设备何时可能发生故障或需要维护，提前预警以防止设备故障。

例如，如果 AI 系统检测到喷气发动机中的异常振动或温度波动，它可以提醒维护团队在发生重大故障前检查发动机。这种主动的维护方法减少了计划外的停机时间，提高了设备的可靠性，并延长了通用电气资产的使用寿命。

除了预测性维护，通用电气还使用AI优化其制造流程。AI算法实时分析生产数据，识别效率低下、瓶颈和需要改进的领域。通过对生产线进行数据驱动的调整，通用电气能够减少浪费、降低能耗并在不影响质量的情况下提高产量。

AI系统还使通用电气能够进行模拟和"数字孪生"建模，即创建物理资产的虚拟副本以测试不同的操作场景。这使得通用电气能够在不影响实际生产的情况下优化制造流程，从而提高效率并节省成本。

通用电气成功利用AI进行预测性维护和流程优化，展示了AI在工业环境中的价值，在这些环境中，减少停机时间和最大化效率对于保持竞争力至关重要。

这些案例展示了各行业企业如何利用AI解决复杂挑战、提高效率并创造价值。无论是零售行业的供应链优化、医疗保健中的早期诊断、金融行业的欺诈检测，还是制造业的预测性维护，AI都在改变企业的运营方式。随着AI技术的不断进步，其应用范围将进一步扩大，为企业创新、提升生产力并在市场中获得竞争优势提供更多机会。

个人利用AI提升工作的故事

下面是一些案例，展示个人如何成功将AI工具整合到他们的工作中，从而提升工作效率、创新能力和创造价值。

营销中的 AI 增强创造力

莎拉是一家中型营销公司的内容策略师。她的工作包括创建引人入胜的营销活动、撰写博客文章、管理社交媒体内容，并为不同客户制定策略。随着工作量的增加，莎拉发现自己越来越难以有效管理所有任务，同时保持创意。因此，莎拉开始使用 AI 驱动的内容创建工具来简化工作并提高生产力。

莎拉在工作流程中集成了像 Copy.ai 和 Jasper 这样的 AI 工具，帮助生成博客文章、产品描述和社交媒体文案的草稿。这些工具允许她输入关键词、主题和特定的内容目标，几秒钟内就生成了草稿，莎拉只需进行微调。通过自动化内容创建的初始阶段，她能够更多地关注语气调整、确保品牌一致性和提升创意。

例如，在为新产品发布撰写 10 篇博客文章时，莎拉利用 AI 生成每篇文章的基本结构和要点，从而减少了 50% 的初稿编写时间，使她能够把更多精力集中在高层次的策略和创意叙述上。因此，她能够在更短的时间内交付高质量内容，满足紧迫的客户期限。

莎拉还利用 AI 分析客户数据，为客户提供更个性化的营销策略。通过使用像 HubSpot 内容策略平台这样的 AI 工具，她获得了关于客户行为、偏好和互动指标的洞察。AI 提供了关于哪些类型的内容最能吸引不同受众群体的建议，使她能够更有效地定制营销活动。

通过将 AI 集成到内容策略中，莎拉不仅提高了自己的工作效率，还提升了营销活动的表现。她提供了更具针对性和个性化的内容，从而带来了更高的参与率和客户满意度。

新闻行业中的AI驱动研究

大卫是一家领先新闻媒体的调查记者，负责揭露复杂的故事，这通常需要筛选大量数据、文件和报告。传统上，这类调查工作需要耗费数周甚至数月的时间进行烦琐的手动研究。然而，大卫采用了AI工具进行数据分析和模式识别，大大加快了研究过程。

大卫在调查工作流程中集成了AI驱动的数据挖掘和分析工具，如IBM Watson和 Google Cloud 的NLP工具。这些工具使他能够快速分析成千上万份文档、新闻文章和在线数据库，识别模式、趋势和联系，这在手动操作中很难实现。

例如，在对公司欺诈的调查中，大卫使用AI工具筛选了多年的财务记录和高管之间的通信。AI标记了开支和通信中的异常模式，帮助大卫找到关键证据，这些证据成为报道的核心。通过AI，原本需要几个月才能手动发现的线索仅用了几天就发现了，大大增强了大卫在报道中的竞争优势。

AI还帮助大卫提高了报道的准确性。通过使用交叉引用来自多个来源的事实的工具，他能够更高效地核实信息。这减少了出现错误的风险，确保了他的报道基于可靠数据。像 Factmata 这样的AI辅助事实核查工具允许大卫将信息与可信来源交叉检查，既节省了时间，又确保了其工作的可信度。

通过AI，大卫能够更多地关注故事的叙述和人文角度，而不是被数据密集型任务所困扰。AI的集成帮助他更快地发现重要故事，同时保持了调查报道的完整性和深度。

销售中的 AI 优化生产力

艾米丽是一家全球软件公司的销售经理。她的主要职责包括管理销售团队、分析销售数据、预测趋势并与高价值客户达成交易。为了提高团队的表现并做出数据驱动的决策，艾米丽采用了专为销售优化设计的 AI 工具。

艾米丽开始使用像 Salesforce Einstein 和 HubSpot 这样的 AI 驱动的客户关系管理（CRM）工具，深入了解其销售渠道。这些工具使用 AI 分析客户互动、历史销售数据和市场趋势，预测哪些潜在客户最有可能购买产品。AI 可以根据转化的概率对潜在客户进行排名，使艾米丽和她的团队能够优先接待高潜力客户。

例如，在一次重要的产品发布期间，艾米丽使用 AI 分析了过去的客户行为，并将潜在客户分成不同的购买潜力层级。通过将团队的精力集中在最有可能转化的客户上，艾米丽看到成单率增加了 20%，销售周期也缩短了。

AI 还帮助艾米丽自动化日常客户互动。通过使用 AI 驱动的聊天机器人和电子邮件自动化工具，艾米丽的团队能够与潜在客户进行个性化交流，发送跟进邮件和产品推荐。这些工具保持了与潜在客户的持续沟通，回答常见问题并培养关系，同时释放了团队的时间以专注于更复杂的销售活动。

例如，当艾米丽的团队发现某位客户可能适合升级软件时，AI 驱动的 CRM 系统会自动发送个性化的电子邮件，详细说明升级的好处。这帮助保持了客户的参与度和知情度，而无须销售代表手动干预，从而提高了客户的保留率和满意度。

通过AI的集成，艾米丽能够优化团队的工作流程，增加销售量，改善客户关系，并提高销售预测的准确性。

设计中的AI辅助

迈克尔是一名自由平面设计师，专门从事品牌设计、网站设计和数字营销。虽然技能出众，但迈克尔发现某些设计任务（特别是需要重复调整或多次迭代的任务）占用了他大量的时间。通过将AI设计工具整合到他的工作流程中，迈克尔能够简化设计过程，更专注于项目的创意方面。

迈克尔开始使用像Adobe Sensei和Canva Pro这样的AI驱动设计工具，自动化一些常规任务，如调整图像大小、生成颜色搭配和优化不同屏幕尺寸的布局。这些工具利用机器学习建议设计改进，节省了他手动调整的时间。

例如，在为客户进行网站重新设计时，迈克尔使用AI自动生成适用于移动设备和桌面版本的不同布局。AI工具分析了内容和用户体验（UX）数据，建议了最有效的设备布局，使迈克尔能够专注于美学和用户界面设计。

AI还帮助迈克尔快速生成多个设计变体。在品牌项目中，他使用AI工具根据客户的规格创建一系列标志选项。AI会生成几十种变体，迈克尔可以从中选择最好的变体进行进一步优化。这大大减少了他在初稿设计上的时间，使他能够更快地为客户提供高质量的设计选择。

迈克尔使用AI工具后，能够接更多项目，增强创意，同时通过更快的交付提高了客户满意度，而不影响质量。

项目管理中的 AI 辅助

丽萨是一家软件开发公司的项目经理。她的工作涉及协调不同部门、跟踪项目进度、管理时间表并确保按时完成交付物。为了同时管理多个项目并提高团队的生产力，丽萨将 AI 项目管理工具整合到了她的工作流程中。

丽萨使用像 Monday.com 和 Trello 这样的 AI 驱动项目管理平台，这些平台结合机器学习来自动分配任务、跟踪项目进度并预测潜在的延误。这些工具分析正在进行的项目数据，预测哪些任务可能会滞后，并自动向团队成员发送有关即将到期的任务的提醒。

例如，在一个复杂的软件开发项目中，AI 工具预测由于资源分配问题，某个功能的开发存在延迟风险。系统提醒了丽萨，使她能够重新分配任务并为该功能分配额外的资源，确保项目按时推进。

除了任务管理，丽萨还利用 AI 进行风险管理。AI 分析项目数据，包括时间表、预算和团队表现，识别潜在的风险，如项目范围膨胀、预算超支或人手不足。这种主动的风险管理使丽萨能够在问题变得严重之前进行处理，从而最大限度地防止项目中断。

在 AI 的帮助下，丽萨能够简化项目工作流程，减少延误并提高整个团队的生产力。AI 工具不仅增强了她管理多个项目的能力，还确保了按时、按预算交付项目。

实践篇

如何用 AI 完成各类工作

用AI写出理想的文案

利用AI完成文案工作能够极大提升效率和文案质量。AI工具（如ChatGPT）通过自然语言处理技术，能够帮助用户快速生成内容、优化语句、纠正拼写和语法错误，并根据不同受众或平台需求定制文案。无论是撰写初稿、调整语气风格，还是进行多版本A/B测试，AI都可以在短时间内完成大部分的创意和编辑工作，使文案更加精准、流畅且具有针对性。AI不仅能提高文案撰写的速度，还能通过分析数据和提供反馈，帮助创作者更好地优化内容以提高转化率。

生成营销文案

在现代商业环境中，AI已经成为生成营销内容的强大工具，这些内容不仅具有吸引力，而且能够高度个性化地针对目标受众。通过自动化内容创建流程，AI使得营销人员能够快速生成大量文案，同时保持高水平的相关性和吸引力。这一部分探讨如何利用AI生成有说服力的有效营销文案，并提供优化AI生成内容以实现特定营销目标的策略。

为什么AI适合生成营销文案

AI非常适合营销内容生成，因为它能够分析大量数据，并根据不同的客户群体定制文案。AI工具可以利用NLP算法编写具有说服力的语言，提供引人入胜的标题，并确保语气与目标受众相匹配。这不仅节省了时间，还提高了营销工作的连贯性和质量。

速度与效率

AI在内容生成方面最显著的优势之一就是速度快。它能够在几秒钟内生成营销文案，处理从产品描述到社交媒体帖子的各种内容。这种效率使得营销团队能够专注于更高层次的战略，而AI则负责生成文本的重复性任务。

数据驱动的个性化

AI工具可以分析客户数据，创建与特定受众群体共鸣的个性化营销信息。通过根据用户行为、偏好和人口统计数据定制内容，AI有助于提高参与度和转化率。

语气和信息传递的一致性

AI可以帮助在所有营销材料中保持品牌一致性。通过使用预定义的语气和语言准则，AI能确保每一条内容都符合公司的品牌声音，无论生成了多少版本或变体。

利用AI生成营销文案的最佳实践

尽管AI能够极大提高营销内容的效率和质量，但它需要细致的输入和指导，以确保文案与目标受众产生共鸣。以下是一个完整的利用AI工具创建有说服力的营销文案的最佳实践。我们在这里尽量将完成文案工作的流程细化，在未来具体的工作中，则可由使用者根据实际情况进行选择和调整。

步骤1：明确营销目标与受众

在撰写营销文案时，明确营销目标和受众是关键的第一步。只有清晰地了解文案的目的和目标客户，才能确保文案准确传达品牌信息，并与受众产生共鸣。人工智能（如ChatGPT）在这个步骤中，可以帮助分析市场趋势、客户行为以及品牌的调性，辅助制定精准的目标策略。通过多轮对话，AI能够生成客户画像、识别潜在市场，并协助构建针对性的营销方案。

　　用户：ChatGPT，我正在为一款面向年轻女性的护肤产品策划一次线上营销活动，目标是提高品牌知名度，并吸引新的客户群体。你能帮我明确这个活动的目标和受众吗？

　　ChatGPT：好的！首先，让我们明确营销目标。针对这款护肤产品的线上活动，您的主要目标是：

　　1.提高品牌知名度。

　　2.吸引新的潜在客户，尤其是对护肤有兴趣的年轻女性群体。

　　3.促进社交媒体互动，提高品牌曝光率。

　　现在让我们来细化目标受众：

　　·年龄段：18—35岁

　　·性别：女性

· 兴趣爱好：护肤、美妆、健康生活方式

· 典型用户特征：注重皮肤护理，有购买护肤产品的习惯，愿意尝试新品牌

这类群体大多活跃在社交媒体平台上，如抖音、小红书和 Instagram。为了吸引他们，可以考虑个性化推荐和用户生成内容（UGC）的互动策略。

用户： 那么，针对这个目标受众，我该如何调整营销策略？

ChatGPT： 建议您采用以下策略：

1. 在抖音和小红书上发布精美的产品介绍短视频，展示产品的功效和使用体验。

2. 与 KOL 合作，提高信任度和影响力。

3. 推出社交媒体互动活动，鼓励用户分享护肤体验并标记品牌，提升 UGC 的参与度。

4. 结合限时折扣或试用装推广，提高用户的购买意向。

这些策略能够帮助您提高品牌曝光率，并吸引目标受众的参与和购买。

在这个步骤中，ChatGPT 帮助用户明确了营销活动的核心目标和受众群体，并根据受众特点提供了定制化的策略建议。利用 AI 生成的多轮对话不仅提高了工作效率，还提供了深刻的市场洞察。

在这一步骤中，使用 AI 时的注意事项包括：确保输入的信息足够

具体，以便AI提供精准的建议。此外，应结合自身市场调研结果对AI建议进行审慎调整，以确保与品牌实际需求一致。

步骤2：确定品牌调性与语气

一旦明确了营销目标和受众，接下来的步骤就是确保文案的调性与品牌一致。品牌调性和语气决定了文案如何与目标客户进行沟通，是正式还是亲切、是幽默还是严肃。确保调性与品牌一致，可以增强品牌认知度，打造信任感。AI工具可以帮助识别并建议合适的语气，生成不同风格的文案，帮助文案创作者找到最贴合品牌的表达方式。

> **用户：**ChatGPT，我的护肤品主要面向年轻女性，想要传达健康、自然和清新的形象。你能帮我写一段品牌宣传文案吗？语气要轻松、有亲和力。

> **ChatGPT：**当然可以！以下是一个轻松、有亲和力的品牌宣传文案："想要拥有健康、自然的光彩肌肤吗？我们的护肤品专为年轻女性设计，天然成分温和呵护你的肌肤，让你每天都焕发自信光彩。跟我们一起开启简单而美好的护肤之旅吧！让自然之美成为你日常的一部分。"

这个文案的语气轻松亲和，突出了产品的天然成分和护肤的简单愉悦感，非常适合年轻女性。

> **用户：**这个不错，但我想要语气幽默一些，像和闺蜜聊天那种感觉。

> **ChatGPT：** 好的！以下是更具幽默感的版本："嘿，美肌小仙女们，谁不想天天都容光焕发呢？我们的护肤品就像你的闺蜜一样，温柔但绝对给力，天然成分让你的小脸蛋儿时刻在线。想要素颜也能美美的吗？那就加入我们的护肤小队吧！"

这段文案语气更加随意幽默，增加了与年轻受众的亲切感，让品牌看起来像一个贴心的朋友。

在这一步骤中，ChatGPT 生成了两种不同语气的品牌宣传文案，分别突出了亲和力和幽默感。通过这种方式，AI 帮助用户在短时间内快速生成多个风格的文案，方便用户选择最适合品牌调性的版本。在这一步骤中，使用 AI 时的注意事项包括：清晰表达品牌核心理念和目标受众的特性，以确保生成的文案符合品牌风格。

步骤 3：关键词与核心信息的确定

为了确保营销文案能够在吸引受众注意力的同时，传递出关键信息，确定合适的关键词和核心信息至关重要。这不仅有助于增强文案的针对性，也能提升 SEO 效果，帮助品牌在搜索引擎和社交媒体平台上获得更高的曝光率。通过使用 ChatGPT，用户可以快速生成与产品、市场和受众相关的关键词，并提炼出简洁而有力的核心信息，确保文案围绕重要内容展开。

> **用户：** 我需要为这次护肤品的营销活动确定一些关键词和核心信息。我的目标是提高品牌知名度，并突出产品的天然成分。你能帮我生成一些关键词和提炼核心

信息吗？

　　ChatGPT： 当然可以！以下是一些推荐的关键词：

- 天然护肤
- 健康肌肤
- 清新护肤体验
- 年轻女性
- 光滑皮肤
- 温和配方
- 素颜美
- 自然之美
- 轻松护肤

　　核心信息总结：我们的护肤产品专为年轻女性设计，采用天然成分，温和呵护每一寸肌肤，帮助你轻松拥有健康、自然的光彩肌肤。无论是日常护肤还是特别护理，我们的产品都能让你展现素颜的美丽。

　　用户： 这些关键词很好，但你能再加一些专门针对社交媒体的热门标签吗？我希望能提高在社交平台上的曝光率。

　　ChatGPT： 好的！以下是一些适合社交媒体的热门标签：

- #天然护肤
- #素颜美

- #清新肌肤

- #温和配方

- #护肤分享

- #健康肌肤

- #护肤小秘诀

- #美肌必备

这些标签可以帮助你提高社交平台上的内容曝光率，吸引更多的潜在用户。

在这个步骤中，AI不仅帮助用户生成了与护肤产品相关的关键词，还提炼了简明的核心信息。同时，它为社交媒体活动提供了适合的标签，有助于提高品牌在线的可见性和互动度。在这一步骤中，使用AI时的注意事项包括：明确传达产品的独特卖点，并结合平台特性选择合适的关键词，确保文案和SEO或社交媒体策略相结合，最大化曝光效果。

步骤4: 撰写初稿

撰写初稿是将所有前期准备的内容整合到一起的关键环节。在这个步骤中，文案需要围绕品牌调性展开，传达出产品的核心特点和吸引力。ChatGPT这样的AI可以帮助使用者快速生成初稿，并确保风格一致，用户只需稍加调整即可提升文案质量。

用户: 基于我们之前的讨论，帮我写一段轻松、幽默的护肤品发布文案，目标是吸引年轻女性，同时突出产品的天然成分和促销活动。

ChatGPT： 当然可以！以下是轻松幽默风格的初稿：

"嘿，仙女们！想让你的皮肤闪闪发光吗？[品牌名称]来了，带着全新天然护肤神器，准备好颠覆你的护肤体验！

天然无负担：我们的护肤品就像你最亲密的闺蜜，温柔呵护你的每一寸肌肤，主打天然成分，不含任何有害化学物质。

随时随地，水润在线：无论你是熬夜追剧还是奔波忙碌，我们的配方都能让你的皮肤保持水润、弹性满分！

惊喜优惠：现在购买还能享受8折优惠，并赠送迷你旅行套装！快来加入我们的护肤小队吧，抢购倒计时开始咯！"

用户： 文案不错！但我想让促销信息更有紧迫感，能帮我调整一下最后一部分吗？

ChatGPT： 好的！我会增强促销信息的紧迫感：

限时福利，手慢无！现在购买享受8折优惠，还能拿到限量版旅行护肤套装！优惠活动仅限本周，赶紧行动吧，别让你的肌肤错过这个绝佳机会！

在此步骤中，AI根据之前设定的品牌调性，生成了符合轻松幽默风格的初稿，并在用户反馈后迅速增强了促销信息的紧迫感。文案不仅突出了产品的天然成分和护肤效果，还通过亲和的语言与目标受众建立了情感联结。在这个步骤中，需要确保初始输入中的目标受众、语气和关键信息清晰明确，以确保AI生成的文案风格与整体营销策略一致。

步骤5: 优化与编辑

撰写完文案初稿后，优化与编辑是提升文案质量的关键步骤。此时，我们需要进一步调整文案的语言流畅度、语法、风格一致性等，并确保文案在传递核心信息的同时能够吸引读者的注意。ChatGPT这样的AI可以通过提供语法建议、改善句子结构以及调整文案语气，帮助用户快速进行多次迭代优化，确保文案符合预期标准并提升可读性。

> **用户:** 之前的文案初稿不错，但我想让语言更加流畅，更有吸引力，尤其是在促销部分，能帮我优化一下吗？

> **ChatGPT:** 当然可以！以下是优化后的文案：
> 嗨，美肌仙女们！准备好迎接你梦寐以求的天然护肤体验了吗？[品牌名称]让你的肌肤时刻闪耀！
> 天然之选，安心呵护：我们的护肤品萃取天然植物精华，不添加任何化学成分，温和到连敏感肌都适用。像你的闺蜜一样温柔，给你全天候的贴心守护！
> 随时水润在线：不管你是熬夜刷剧还是奔波忙碌，我们的轻盈配方能够让你的肌肤迅速吸收，时刻保持水润。想要素颜也能闪耀光彩？没问题！
> 限时惊喜，马上行动！别等了，现在下单享受8折特

惠，再加送限量版旅行护肤套装！活动仅限本周，机会难得，赶紧让肌肤享受这份特别礼遇吧！

用户： 这个版本更好！但我还想让文案的语气更有亲和力，像是朋友之间的聊天，你能再调一下吗？

ChatGPT： 当然！下面是一个更亲和、随意的版本：

美肌小伙伴们，护肤的秘密武器来了！[品牌名称]带你轻松开启天然护肤之旅，准备好了吗？

天然又贴心：我们家的护肤品就像你最懂事的小伙伴，用天然成分温柔呵护你的肌肤。没有化学添加，连敏感肌都可以安心使用，让你天天都美得自然又自信！

全天水润，不掉线：无论你是熬夜还是忙碌，我们的产品都能瞬间吸收，保持你的小脸蛋儿水水润润，想要素颜出门也OK！

好机会别错过！马上下单，不仅能享受8折优惠，还能收到限量版旅行套装！活动仅限本周，手慢无，赶紧来抢吧！

在这个步骤中，AI通过优化初稿中的句子结构和语气，使文案更具亲和力和吸引力。用户通过多轮对话可以快速调整文案的语言风格，使之更加符合目标受众的期望。在优化与编辑中，重要的是与AI进行多次迭代，测试不同的表达方式，确保文案既具有吸引力又能够传递品牌核心信息。

步骤 6: 个性化与定制

在完成文案初稿并进行初步优化后，根据不同平台、受众群体或市场的特点进行个性化定制是非常重要的一步。不同的平台和用户群体有着不同的偏好，因此文案需要适应多样化的传播场景。AI 可以帮助快速生成适应不同社交媒体或广告平台的文案版本，并根据不同的受众特点调整语言风格和重点信息，确保营销文案的精准传达和良好互动效果。

用户：我需要针对三个平台生成不同版本的护肤品营销文案。一个是抖音，风格要活泼短小；另一个是微博，稍微正式一些；最后是小红书，要亲和且带点个人推荐的感觉。

ChatGPT：好的，以下是为不同平台生成的定制文案：

· **抖音版（活泼简短）：**

快来看看天然护肤的新宠！我们的新品超好用，轻盈配方，保湿一整天，随时水润在线！现在还有限时 8 折优惠，别错过哦～ #护肤小秘诀 #天然护肤神器

· **微博版（正式一些）：**

我们的新品护肤品来了！专为年轻女性设计，富含天然成分，温和不刺激，适合各类肤质。限时 8 折优惠，还送限量旅行套装！现在下单，享受素颜之美。#健康护肤 #天然之选

· **小红书版（亲和推荐）:**

姐妹们！最近试了这款[品牌名称]的天然护肤品，效果超好！不含化学添加剂，连敏感肌也完全没问题。用了几天感觉肌肤光泽好多了，超级推荐！现在还有8折优惠，买到就是赚到，快入手吧！#护肤好物推荐 #天然护肤

用户： 能否稍微增强微博版的互动感，让人有想留言的冲动？

ChatGPT： 当然可以！以下是调整后的微博版：

新品护肤品限时登场！专为年轻女性设计，富含天然成分，温和不刺激，适合各类肤质。你试过天然护肤品吗？来说说你的护肤心得吧！现在8折优惠，还送限量旅行套装，快来体验天然之美吧！#健康护肤 #天然之选

在这一步骤中，AI根据用户的需求，生成了适合不同平台的文案版本，每个版本都对应特定的受众和平台特性，确保了文案的多样性和精准性。通过定制文案，品牌可以更好地与不同渠道的用户建立联系。在个性化和定制阶段，用户应确保针对不同平台和受众群体的细微差异进行调整，例如文案的长度、互动性和语言风格，从而最大化文案的传播效果。

步骤7: A/B测试与优化

在完成文案初步撰写和定制后，A/B测试是验证文案效果的关键

步骤。通过制作多个文案版本并进行测试，可以了解不同版本在目标
受众中的表现，找到最佳的文案形式。AI可以快速生成不同风格或内
容的文案版本，用户可对这些版本进行测试，收集数据后分析其效果。
最终通过数据驱动的优化，提高文案的点击率、转化率或用户参与度。

用户： 我现在有两个文案版本，一个强调天然成分，
另一个侧重限时优惠。能否帮我改写成两个 A/B 测试版
本，稍微改变措辞，测试哪个效果更好？

ChatGPT： 当然可以！以下是两个不同版本的文案，
用于 A/B 测试：

· **版本 A（强调天然成分）：**

你的肌肤值得最天然的呵护！我们的护肤品采用
100%纯天然植物成分，温和到连敏感肌也能安心使用。
想要让肌肤焕发自然光彩吗？立即购买并享受限时优惠，
开始你的健康护肤之旅吧！

· **版本 B（强调限时优惠）：**

机会不容错过！现在购买我们的护肤新品，享受8折
优惠，并加送限量版旅行护肤套装。天然成分温和护理，
适合所有肌肤类型，立即行动，抢购好礼！

用户： 这两个版本不错。我应该怎么开展 A/B 测
试呢？

ChatGPT： 建议您在同一时间段内，针对相同的受

众群体，在不同的广告渠道或社交媒体平台上分别展示
这两个版本。通过分析点击率、转化率和用户参与度的
数据，您可以了解哪个版本更符合目标受众的需求。根
据测试结果，可以进一步优化文案内容和营销策略。

在这个步骤中，ChatGPT帮助用户生成了两个不同的文案版本，
分别侧重不同的卖点，通过A/B测试验证文案的效果。使用AI生成多
个版本不仅加快了测试准备的速度，还提供了多样化的创意选项。在
这一步骤中，用户应注意：每个版本之间的差异应当明显且具备测试
意义，确保测试结果能够提供清晰的优化方向。

步骤8: 生成呼吁性动作

营销文案的最后一个关键步骤是引导用户采取具体行动，这就是
呼吁性动作（Call to Action, CTA）。无论是购买、订阅、注册还是点
击链接，CTA是推动用户完成目标行为的核心。文案中明确的CTA能
有效提升转化率。AI可以帮助你生成多个不同风格的CTA，测试哪种
表达方式能更好地促使用户采取行动。通过在文案中融入精准且有吸
引力的CTA，你可以显著提高营销活动的效果。

用户： 我需要一个适合社交媒体的呼吁性动作，鼓
励用户立即下单购买护肤品。可以给我一些不同的CTA
版本吗？

ChatGPT： 当然！以下是几种不同风格的CTA：

• 紧迫感版：现在就下单，享受限时8折优惠，机会

稍纵即逝！

·奖励驱动版：立即购买，领取限量旅行护肤套装，还享受8折优惠，手慢无！

·简洁直接版：快来抢购，立享8折优惠！

·互动版：准备好改变你的护肤体验了吗？立刻下单，享受超值优惠！

·朋友推荐版：你的肌肤需要的天然呵护就在这里！赶紧入手吧，限时优惠等你来拿！

用户： 这些不错！我最喜欢紧迫感版和朋友推荐版。能否对这两个版本再做一些细微调整，以便进行测试？

ChatGPT： 当然！以下是两个版本的细微调整：

·紧迫感版（调整后）：时间有限！立即下单，享受8折优惠，不要错过这难得的机会！

·朋友推荐版（调整后）：你的肌肤闺蜜为你准备好了天然护肤品！快来享受限时8折优惠，现在就下单吧！

在这个步骤中，AI生成了多种不同风格的CTA，并根据用户需求进行了进一步的优化。通过使用AI工具，用户可以快速生成多种类型的CTA，并进行微调以适应不同的营销场景。在这一阶段，使用AI时要注意的是，CTA必须明确简洁，传达出紧迫感或特惠信息，鼓励用户立即采取行动。A/B测试不同的CTA版本可以帮助确定哪个版本最能有效提升转化率。

步骤9：文案总结与回顾

总结与回顾是确保文案能够准确传达品牌信息和促销内容的最后一步。通过总结，我们可以检查文案是否还有不足之处，并利用AI进行改善。

> *用户：帮我回顾一下文案整体的表现，看看是否有需要优化的地方。*
>
> *ChatGPT：好的！以下是对文案的回顾和改进建议：*
>
> *·语气：文案保持了幽默亲和的语气，非常适合年轻的目标受众，读起来像是朋友间的推荐，能够很好地拉近品牌和用户的距离。*
>
> *·信息完整性：文案涵盖了天然成分、限时优惠和赠品信息，清晰传达了购买的价值主张。*
>
> *·改进建议：可以增加一些互动元素，鼓励用户分享他们的护肤心得，或者通过使用指定标签参与线上活动，以提升品牌的社交媒体互动度。*

在此步骤中，AI对整体文案的风格和信息进行了回顾并提出了优化建议。通过这一流程，用户不仅能确保文案调性统一，还能根据AI的反馈找到进一步提升的机会。使用AI时，要确保文案风格始终与品牌调性一致，特别是在不同渠道的传递中保持统一性。

生成其他类型的文案

AI不仅能够撰写营销文案，还可以生成其他类型的文案。通过理解不同文案类型的需求，AI可以灵活调整内容的结构和风格。例如，撰写报告时，AI能够根据数据生成分析与结论；在小红书种草文案中，它可以快速抓住读者的注意力，生成漂亮、有内涵的文章。这种多样化的文案生成能力，使AI成为各种文案创作中不可或缺的助手，帮助创作者提升效率并确保内容质量。下面，我们对上述两种文案的AI协作进行简单介绍。

报告类文案

明确目标和结构

撰写报告（如商业报告、调研报告等）的第一步是明确目标和结构。报告必须清楚地传达信息，确保逻辑连贯。通常，报告的结构包括引言、数据分析、结论和建议部分。明确报告的目标可以帮助你定义报告的范围和重点内容，从而让受众更容易理解报告的核心信息。

通过简单的提示，ChatGPT这样的AI工具可以快速生成一个报告框架，并为每个部分提供内容引导。例如，如果你需要撰写一份关于市场调研的报告，ChatGPT可以帮助提供引言草稿、调研数据摘要，以及结论和建议的初步撰写。

用户： 我需要撰写一份关于护肤品市场的调研报告。能帮我生成一个包含引言、数据分析、结论和建议的框架吗？

ChatGPT: 好的！以下是一个调研报告框架：

· 引言：本报告旨在分析护肤品市场的现状，特别关注年轻女性消费者的购买行为与品牌偏好。

· 数据分析：通过对1000名消费者的调研，数据表明天然成分的护肤品需求持续增长，80%的受访者表示他们更倾向于购买含天然成分的产品。

· 结论：随着消费者对健康与安全的重视，天然护肤品的市场潜力巨大。

· 建议：品牌应加强对天然成分的宣传，并通过社交媒体互动提升品牌认知度。

在这个步骤中，ChatGPT帮助用户快速生成了一个完整的报告框架，并为每个部分提供了初步建议。此时，用户可以根据实际数据和品牌需求对内容进行进一步补充和修改。使用AI时，确保输入清晰明确，有助于生成更符合需求的报告框架。

数据收集与分析

数据分析是报告的核心部分，直接影响报告的结论与建议。在这一阶段，确保数据准确和分析深入至关重要。人工智能工具可以通过对数据的初步分析，帮助生成数据摘要、提炼关键信息，并为报告提供洞察。此外，AI还可以帮助确定如何有效展示数据，通过推荐图表、图示等方式，使复杂数据更易于理解。

ChatGPT这样的AI工具可以根据使用者输入的数据集生成数据分析摘要，并提出洞察。例如，在输入销售数据后，AI可以快速总结趋势，提出潜在的市场机会和风险。

> **用户：** 我有一份关于护肤品销售的数据，包括每个季度的销售量和市场份额，能帮我总结出主要趋势吗？（上传数据）

> **ChatGPT：** 根据提供的数据，以下是主要的市场趋势：
>
> • 第一和第二季度的销售量稳步增长，但第三季度略有回落。
>
> • 与去年同期相比，含有天然成分的护肤品销量增长了15%，占据了市场份额的35%。
>
> • 80%的增长来自社交媒体广告的推动，特别是在年轻消费者群体中表现突出。

ChatGPT帮助用户迅速总结了数据的关键趋势，并通过简明扼要的描述突出了重要的增长点。在这一阶段，AI可以协助用户快速分析数据，但用户应确保提供准确的数据集，以便AI能够生成有价值的见解。

撰写初稿

收集数据并进行分析后，接下来就是撰写报告初稿。初稿应涵盖报告的所有部分，确保信息传达清晰、逻辑连贯。ChatGPT这样的AI工具可以帮助快速生成初稿，并将不同的章节整合成一个完整的文案框架。无论是学术报告还是商业报告，AI都可以帮助提供内容建议并生成段落。例如，在撰写市场分析部分时，AI可以基于输入的数据和趋势生成详细描述。

> *用户：基于前面生成的框架，帮我写一段关于天然护肤品市场增长的分析。*
>
> *ChatGPT：近年来，天然护肤品市场呈现出显著增长趋势。根据调研数据，含有天然成分的产品在过去一年中销量增加了15%，占据了35%的市场份额。这一增长主要归因于消费者对健康的追求和环保意识的提升，特别是在年轻女性群体中，选择天然成分的护肤品已成为主要趋势。品牌应利用这一趋势，加大宣传力度，突出产品的安全性和环保属性，以进一步扩展市场。*

在这一阶段，ChatGPT帮助用户撰写了关于市场分析的段落，确保了内容详实且逻辑清晰。在使用AI生成初稿时，用户应提供足够的数据背景，以确保AI生成的内容与实际数据相符。

优化与编辑

在撰写初稿后，优化与编辑是确保报告专业性和准确性的关键步骤。此时，应仔细检查语法、逻辑结构以及数据的准确性。ChatGPT这样的AI工具可以通过提供语法建议、句子优化以及段落流畅度的提升，帮助你快速完成报告的编辑工作。优化后的文案应当简洁明了，避免冗长或重复的内容。

> **用户:** 帮我检查刚才的市场分析段落,看看是否有可以优化的地方。

> **ChatGPT:** 好的!优化后的段落如下:
>
> "近年来,天然护肤品市场蓬勃发展,过去一年销量增长了15%,市场份额已达到35%。这种增长源于消费者对健康与环保的日益重视,尤其是在年轻女性群体中,天然成分产品备受青睐。品牌应抓住这一趋势,进一步推广产品的安全性和环保优势,以扩大市场覆盖面。"

优化后的段落更加简洁流畅,信息传达更加明确。

通过 AI 的优化,用户可以确保报告语言更加精准,同时逻辑更为清晰。在这一阶段,建议用户多次迭代文案,确保报告在传达信息的同时保持简洁和专业性。

通过上述步骤,ChatGPT 这样的 AI 可以在报告文案的撰写过程中提供全面支持,帮助用户从构思、数据分析到优化与编辑,全方位提升报告的质量和撰写效率。

小红书博主的种草文案

定义目标受众和内容方向

在撰写小红书种草文案时,明确目标受众和内容方向是至关重要的一步。小红书的用户群体以年轻女性为主,她们尤其关注生活方式、时尚、美容和情感分享。因此,文案需要根据受众的兴趣特点进行个性化设计,以最大程度吸引她们的注意。通过使用 AI 工具,如

ChatGPT，博主可以迅速生成贴近目标群体的文案，调整语言风格，使其更加亲切自然，增强读者的情感共鸣。确定受众的需求、兴趣点，并结合书籍或产品的独特卖点，文案能够更精准地传达信息，引发读者的共鸣和互动。

> **用户：** 我需要为《我与地坛》撰写一篇小红书推荐文案，目标受众是对生活和情感思考感兴趣的年轻人，能给我一些方向建议，并帮我生成一些关键词吗？
>
> **ChatGPT：** 以下是文案的几个方向建议以及相关关键词：
>
> • 生活哲理：你可以通过书中对生命和时间的思考，引导读者反思如何在生活中找到力量。
>
> • 逆境中的成长：分享史铁生如何在逆境中找到生命的意义，帮助受众与自己的生活困境产生共鸣。
>
> • 个人感悟：结合自己的阅读体验，用温暖的语言表达书中的哲理。
>
> 推荐关键词：人生哲理，内心的平静，逆境中的成长，生命与时间，命运思索。

在此步骤中，ChatGPT帮助用户明确了文案的方向，结合书籍的核心主题，生成了合适的关键词。通过这种方式，用户可以快速锁定文案的方向，并确保文案内容能够与受众产生情感共鸣。

撰写简洁且有吸引力的文案

在明确了目标受众和内容方向后，撰写简洁且有吸引力的文案是提升文案效果的核心步骤。对于小红书的用户来说，快速获取关键信息是他们的主要需求。因此，文案应当简短精练，直接切入核心，突出产品或书籍的亮点，并通过情感共鸣吸引读者。利用 AI 工具（如 ChatGPT），博主可以快速生成简洁的文案，确保语言生动有趣，并且符合受众的审美和表达习惯。与第一步中的目标受众保持一致，文案应以轻松、亲和的语气，迅速抓住读者的注意力，鼓励他们参与评论和互动，增强种草效果。

> **用户：** 综合你提出的三个方向，帮我生成一篇种草《我与地坛》的小红书文案，语气要亲切自然，能引发情感共鸣。

> **ChatGPT：** 好的！以下是一个文案示例：

> 大家有没有这样的时候，感觉生活的压力让人喘不过气，四周的世界似乎变得遥远又冰冷？在快节奏的生活中，我们不停地奔跑，但内心的声音却逐渐被忽视。这时，我特别想推荐一本书——史铁生的《我与地坛》。这本书不仅仅是一位残疾作家的自传，还是一场灵魂的对话，带你深入思考生命、时间、命运以及如何在逆境中找到力量。

> 史铁生的文字是如此平静而深刻，没有华丽的辞藻，却能直抵心灵。在书中，地坛不仅是他生活中的一处实

体场所，更是他进行自我思考、与命运对话的地方。书中的他，面对失去双腿的现实，开始了一场关于生命的漫长对话。这种对命运的不屈与反思，让我想到了自己在生活中的许多时刻——那些迷茫、困惑、不安，以及面对不可控制的情况时的无力感。而史铁生在这本书里展现的，却是他如何在困境中找到内心的平静与力量。

《我与地坛》让我明白，真正的强大不是逃避困难，而是学会与它共存。书中那段他坐在地坛里，聆听着风吹过树梢的声音，看着阳光洒落在古老石阶上的描写，仿佛让我也跟着他一起，感受到一种宁静。这种宁静来自他内心的和解，而不是对外界的不满。他在书中说，虽然自己残疾了，但心灵却没有停滞，这种乐观和对生活的深刻理解，给了我很大的启发。或许，生活中每一个人在面对挫折和逆境时，都能从这本书中找到自己的答案。

当我读完这本书时，突然觉得那些让我们感到无力的时刻，其实都是在帮助我们成长。史铁生用他的人生经历告诉我们，无法改变的事物，不一定是命运的"惩罚"，而是另一种力量的觉醒。我们能做的，不是对抗命运，而是学会与命运和平相处。这本书没有大起大落的情节，却充满了对生活的深刻思考，一字一句都透着作者对生命的执着和对命运的反思。这让我想到，很多时候，我们自己的人生也是这样，虽然不完美，但我们仍可以从中找到属于自己的平静与力量。

如果你正处在生活的低谷，或是对未来感到迷茫，我真的很推荐你读一读《我与地坛》。它不能给你现成的答案，但它可以帮助你在迷雾中找到属于自己的方向。无论是思考人生哲理、面对逆境，还是与自己对话，你都能在这本书里找到一种独特的力量。

大家读过这本书吗？或者你有没有经历过类似的时刻，让你觉得生活似乎停滞不前？欢迎大家在评论区分享你的感受，我们一起讨论如何在生活的洪流中找到属于自己的宁静。#人生哲理 #逆境成长 #心灵治愈 #自我反思

ChatGPT 生成的文案抓住了该书的核心思想，通过温暖而富有感染力的语言，展现了作者对生命与命运的思考。这样的文案不仅可以吸引读者的注意力，还能够通过个人感悟引发读者的共鸣。使用 ChatGPT 撰写种草文案时，提供明确的目标和方向能够帮助生成更具情感吸引力的内容。

优化和个性化处理

在文案撰写完成后，进一步的优化和个性化处理能够使内容更符合平台的调性。通过增加互动性问题或引导性语言，可以鼓励用户参与讨论，增强他们对书籍的兴趣。同时，结合博主的个人风格，文案也可以更加贴近受众的情感需求，从而提升读者的参与度。

用户：我希望文案能够让年轻的妈妈更有共鸣，激发她们进行互动，能帮我优化一下吗？

ChatGPT：当然可以！以下是优化后的版本：

有没有哪位妈妈曾有过这样的时刻，生活的琐碎让你疲惫不堪？当孩子的哭闹、繁杂的家务和工作的压力同时扑面而来，你是否觉得喘不过气？我也曾有过这样的时刻，觉得自己被困在无尽的忙碌中，找不到一丝喘息的机会。就在这样的时刻，我读到了史铁生的《我与地坛》，这本书给了我一种意想不到的宁静和力量。

史铁生在书中写道，地坛对他来说不仅是一个安静的地方，更是他与命运对话的空间。作为一位在年轻时就双腿残废的作家，他面对的不仅仅是身体的障碍，还有命运带来的不可预知的挑战。让我感触最深的是，他在逆境中找到了自我平静的方式，学会了如何与命运和解，而不是一味与之抗争。作为妈妈，我们是不是也在生活的重压下感到无助？但《我与地坛》让我明白，生活中的挑战和不确定性，或许正是我们成长的契机。

有时，当孩子终于安静入睡，我坐在沙发上，闭上眼睛，那一刻的安静仿佛就是我的"地坛"。生活中有太多我们无法控制的事，但正如史铁生在书中所展现的，我们可以学会与这些不确定共处，找到属于自己的节奏。你是不是也有过这种感觉？生活中那些琐碎的片段，是否也在提醒我们要慢下来，聆听自己的内心？

妈妈们，读完这本书后，我开始更加珍惜那些短暂的安静时光，也学会了在每一个忙碌的日子里找到内心的平静。如果你和我一样，在育儿的旅途中感到迷茫或疲惫，不妨抽出一点时间，读一读《我与地坛》。它不能给你现成的答案，但它可以让你感受到一丝安慰与力量。

你呢？作为一位妈妈，你是如何平衡工作和生活，找到内心的宁静的？在评论区和大家分享一下吧，也许你的故事会给其他妈妈带来力量。#逆境成长 #妈妈的力量 #心灵治愈 #育儿共鸣

通过加入更多引导性问题和互动性语言，ChatGPT有效优化了文案，鼓励妈妈们更主动地分享她们的感受。在实际使用中，AI可以根据不同目标群体的特征灵活调整语言风格，使内容更加符合读者的兴趣，最终实现增强互动的效果。

人工编辑在文本润色中的角色

尽管AI可以显著提高编辑的速度和准确性，但人工监督仍然至关重要。人工编辑为编辑过程带来了创造力、上下文和判断力，这是AI无法复制的。通过将AI与人工编辑结合使用，内容创作者可以在写作中实现最高水平的精细化和有效性。

微调语气和情感

AI工具可以识别语气，但可能无法完全捕捉到某些类型的内容（如说服性写作或叙事写作）中所需的情感细微差别。人工编辑对于加

入这些细微之处以及确保文本在情感上与目标受众产生共鸣至关重要。

确保上下文的相关性

AI 工具在处理专业化或技术性内容时，可能会对上下文理解不足。人工编辑可以确保文本与主题相关，做出必要的调整，以确保准确性并与整体信息保持一致。

与AI对话，随时激发创意

利用AI激发创意是一种将技术与想象力结合的创新方法，尤其在创意出现瓶颈或任务复杂时，AI能够通过独特的算法帮助创作者拓宽思路。AI可以通过分析大量的数据模式，提供多样化的灵感来源，并根据用户需求生成个性化的创意建议。它的优势不仅在于速度快、数据处理能力强，还在于能够生成非传统、跳脱常规的想法，帮助创作者跳出惯常的思维框架。AI能够为不同的创意场景提供支持，包括头脑风暴时的多维度构思、内容策划中的灵感提示以及故事构思时的情节展开。这种智能化的创作助手能够通过提供关键创意点、构建复杂的叙事框架或解决创作难题，极大提高创意流程的效率和质量。

接下来，我们将详细探讨AI在头脑风暴和概念生成、内容策划和故事构思以及创意难题的解决等具体场景中的作用，阐明它如何帮助创作者从无数可能性中筛选出最具创意的思路，推动项目的成功完成。

头脑风暴和概念生成

无论是营销活动、产品开发还是内容创作，头脑风暴和概念生成都是创造过程中的关键步骤。AI驱动的工具在这一领域变得越来越有价值，提供了生成创意、探索可能性并增强团队协作的新方式。通过自动化部分构思过程，并从海量数据集中提供灵感，AI可以更高效地帮助激发创新想法。这一部分将探讨如何有效利用AI进行头脑风暴和概念生成，确保你的创意过程既充满活力又富有成效。

为什么AI适合用于头脑风暴和概念生成

AI通过数据分析、趋势识别和已有内容分析，显著提升了头脑风暴的效果。利用机器学习和NLP，AI能够识别模式、提出独特的创意组合，并提供用户不易察觉的灵感。这有助于打破创意瓶颈，并将新视角引入构思过程中。

快速生成创意

AI在头脑风暴中的一大优势是能够快速生成多种创意。AI工具可以在几秒钟内处理大量信息，基于关键词、趋势和相关主题提供大量建议。这有助于团队迅速探索项目的不同角度和方向。

AI工具可以根据品牌的身份、目标受众和当前行业趋势生成数十种潜在的营销活动主题，帮助营销团队快速评估不同的创意方向，并选择最有前景的想法进行深入发展。

打破创意瓶颈

当创意团队遇到瓶颈或难以提出新想法时，AI可以提供特别大的帮助。通过建议新颖的概念组合或引入意想不到的见解，AI可以帮助团队突破思维障碍，推动构思过程向前推进。

例如，一个内容作者在为博客文章构思新主题时遇到困难，他使用AI根据近期行业新闻、热门关键词或相似博客中的高表现内容生成一系列潜在话题，提供了新的视角并激发了新的创意。

探索广泛的可能性

AI工具能够比人类在典型头脑风暴会议中考虑的范围更广泛。通过分析社交媒体趋势、消费者行为和市场调研等多种数据，AI可以提出平常思维之外的想法，鼓励更具创新性和非传统的方法。

AI工具通过分析其他行业的成功品牌重塑策略，提出如何为一家公司创造性地重塑品牌形象，帮助营销团队从意想不到的地方获取灵感，开拓视野，激发更原创的概念。

使用AI进行头脑风暴和概念生成的最佳实践

尽管AI在生成创意方面非常有效，但人类的输入和协作仍然至关重要，以确保这些创意具有可行性、相关性并与项目目标一致。以下是利用AI进行头脑风暴和概念生成的最佳实践。

提供清晰的输入以指导AI的建议

为了生成相关且有用的创意，必须为AI工具提供清晰且具体的输入。这可能包括关键词、项目目标、目标受众或创意限制。通过定义头脑风暴会议的范围和方向，可以帮助AI生成符合需求的创意。

示例场景描述：一位市场营销经理希望为一个新护肤品牌的推出策划营销活动。他想利用ChatGPT帮助生成一些初步的概念，但他知道需要提供清晰的输入以确保AI的建议符合项目目标。

用户： 我正在为一个新的护肤品牌策划营销活动。这个品牌的主打产品是一款全天然成分的保湿霜，主要目标受众是25—40岁的女性，尤其是那些关心健康和环保的消费者。你能帮我头脑风暴一些创意活动吗？

ChatGPT： 当然可以！根据你的描述，这里有一些初步的创意活动想法：

1. "回归自然"体验活动：让消费者体验品牌的天然成分，通过举办线下互动活动，比如在公园或自然景区组织护肤体验营。参与者可以现场试用产品，并享受户外冥想和健康讲座。

2. 社交媒体挑战——绿色生活之旅：发起一个"绿色生活30天挑战"，鼓励用户分享自己在减少环境足迹和保持肌肤健康方面的日常习惯，参与者有机会赢得免费产品和环保礼包。

3. 天然成分探秘系列：创建短视频或图文系列，详细介绍每个护肤品的天然成分及其对皮肤的好处，同时突出品牌的环保承诺，比如可回收包装和无动物实验。

4. 合作推广——环保倡导者联手：与健康或环保领域的意见领袖、博主或网红合作，推广你的品牌产品，利用他们的影响力来提升品牌的知名度和可信度。

用户： 这些想法都很棒！你能帮我再具体化一下社交媒体挑战的细节吗？比如，如何引导用户参与以及奖品设置？

ChatGPT： 当然！以下是具体化的方案：

· 活动名称：#绿色生活30天挑战

· 参与方式：鼓励用户每天在社交媒体上分享他们如何通过小改变保持环保和健康的生活方式。参与者可以上传照片、视频或文字内容，并使用活动标签#绿色生活30天挑战。

· 奖励机制：每周选出最具创意的环保分享，奖品包括全套护肤品礼盒和环保产品，比如可重复使用的购物袋、可降解护肤工具等。最终的大奖得主还将获得为期两天的"自然健康假期"，包括私人皮肤护理和瑜伽课程。

· 互动性提高：邀请名人或博主做"挑战大使"，每天发布自己参与挑战的视频，带动更多用户参与。

在这个头脑风暴过程中，用户提供了清晰的输入，包括品牌定位、目标受众以及产品特点，这使得ChatGPT能够生成更加具体的相关创意。通过定义头脑风暴的方向，AI生成的建议既贴合需求，又具备创意性。虽然AI能够高效生成概念，但用户的输入是确保创意相关性和可行性的关键。这体现了人机协作的重要性，AI帮助提供了广泛的可能性，而用户则负责引导、筛选和优化。

将AI作为灵感来源，而非最终解决方案

AI最好作为灵感来源，而不是最终解决方案。尽管AI可以生成多种创意，人类团队仍需对这些概念进行完善和发展，以确保它们切实可行、符合品牌目标并在情感上打动目标受众。

示例场景描述：一位内容策划经理正在为一家时尚品牌的年度广告活动构思创意。他使用ChatGPT来获得灵感，并希望通过AI的建议拓展他的思路，但最终还是需要团队对概念进行进一步开发，确保

符合品牌调性和市场目标。

用户： 我们计划为一个新推出的时尚品牌做年度广告活动。品牌主打环保时尚和可持续理念，目标群体是18—30岁的年轻人，特别是在都市生活中追求个性与环保的消费者。你能给我一些创意灵感吗？

ChatGPT： 以下是几种创意方向，供你参考：

1."自然时尚之旅"广告系列：展示年轻人在城市与自然之间自由切换的时尚生活方式，强调环保服饰带来的轻松与自信。视频可以以自然环境和城市街道的对比为背景，突出产品的多功能性和环保特点。

2."旧衣新生"主题活动：与消费者互动，鼓励他们将旧衣物带到品牌店铺进行回收，并获得优惠券或定制环保产品。这可以结合线下店铺和社交媒体推广，增强品牌的环保形象。

3."环保先锋"故事系列：拍摄一系列短片，展示不同领域的环保倡导者（如设计师、艺术家、博主）如何通过时尚表达他们的环保理念。每个人物故事都结合品牌产品，突出他们如何通过选择环保时尚来改变生活。

用户： 这些想法不错，但感觉还不够完整，能否帮我进一步细化"旧衣新生"这个概念，尤其是如何结合线上线下活动吸引消费者？

ChatGPT： 好的！可以这样细化这个概念：

· 活动名称：#旧衣新生行动

· 线下活动：消费者可以将旧衣物带到指定店铺，品牌方为他们提供个性化定制环保袋或重新设计的旧衣物。每位参与者都可以获得一定金额的购物折扣。

· 线上互动：在社交媒体上发起"旧衣新生挑战"，鼓励消费者分享他们如何以创新方式重新利用旧衣物。参与者上传旧衣改造后的照片，赢取品牌环保时尚新品。

· 合作伙伴：联合环保组织，共同推广活动，增加品牌的社会影响力，吸引环保意识较高的消费者。

· 可持续理念宣传：通过社交媒体和广告展示，突出品牌的环保生产线、回收利用流程和对环境的积极影响。

用户： 这些建议很有启发性，但我觉得需要进一步调整，使整个活动更符合我们品牌的风格。团队还要优化线上线下互动的设计，让消费者能更自然地参与进来。

在这个案例中，ChatGPT 提供了一系列创意作为灵感来源，但最终用户并未直接采用 AI 生成的方案，而是将其作为讨论的起点。通过结合品牌的实际需求和市场定位，团队需要进一步优化、整合 AI 提供的创意，确保它们切实可行并与品牌调性保持一致。这说明了 AI 的最佳作用是激发灵感，而非提供一成不变的解决方案。AI 可以帮助拓展创意的可能性，但需要人类团队的判断和优化才能达到理想效果。

对AI生成的概念进行测试和迭代

AI生成的概念通常需要经过多轮迭代和测试。一旦概念得到改进，团队可以通过焦点小组进行测试，利用AI驱动的预测分析评估其潜在影响，或进行A/B测试以评估受众反应。这种迭代方法可以确保最终的概念既具有创造性又富有成效。

示例场景描述：一个营销团队正在为一款全新电子产品设计广告创意。他们使用ChatGPT生成了几种广告概念，但为了确保这些创意符合市场需求和受众的喜好，团队决定进行多轮测试和迭代。他们计划利用焦点小组和A/B测试来评估不同概念的潜在影响，并通过AI工具进一步优化创意。

用户：我们为一款新型智能手表生成了一些广告创意，现在想要进行概念测试和迭代。你能帮我优化几个创意，准备用于焦点小组测试吗？

ChatGPT：当然！以下是两个广告创意的初步优化版本，供你用于测试：

1. 创意A——"智能生活，简单掌控"

展示用户如何通过智能手表快速管理日常任务，例如查看健康数据、回复信息或导航。广告强调产品的简便性和多功能性，突出科技带来的轻松感。

2. 创意B——"健康从手腕开始"

聚焦健康追踪功能，展示不同人群（健身爱好者、上班族等）如何使用智能手表监测心率、步数、睡眠等数据。广告突出手表在健康管理中的重要性，吸引关注健康的消费者。

你可以通过焦点小组评估这些广告创意的情感共鸣和吸引力，之后我们可以根据反馈进行优化。

用户：我们对这两个创意进行测试后，发现消费者更喜欢"健康从手腕开始"的概念，但他们希望看到更多日常应用场景的展示。能帮我基于这一反馈优化创意 B 吗？

ChatGPT：好的！根据反馈，我建议增加更多日常应用场景，例如：

- 在地铁上快速查看日程和通知。
- 使用智能手表管理家庭健身，追踪运动目标。
- 在散步时用手表导航至新地点。

这些场景展示可以增强手表与用户日常生活的紧密联系，进一步提升情感共鸣。

用户：这个改进很好。我们还打算进行 A/B 测试，能否给我一些测试建议，以便在社交媒体广告中评估两个不同版本的效果？

ChatGPT：当然！你可以进行以下 A/B 测试：

- 版本 A：主打智能手表的健康功能，重点放在健身、健康追踪等场景，强调"健康从手腕开始"这一概念。

· 版本B：将健康追踪与日常便捷操作结合，展示更
多日常生活中的应用场景，例如信息通知、日程安排、
导航等。

通过评估这两个版本的点击率、转化率和用户互动
情况，你可以分析哪种广告创意对目标受众更具吸引力。

在这个案例中，ChatGPT帮助用户生成并优化了广告创意，为后续的焦点小组测试和A/B测试提供了建议。在测试过程中，团队收集了消费者反馈，并利用这些反馈对创意进行了迭代优化。最终，通过AI工具和多轮测试，团队确保了广告创意不仅具有创造性，还能够与目标受众产生共鸣。通过这种迭代方法，用户可以在创意开发的每一步中确保概念的可行性和市场适应性。

内容策划和故事构思

内容策划和故事构思是开发引人入胜的叙事、营销活动，或长篇内容（如博客文章、视频或文章）的关键步骤。AI驱动的工具在这一过程中发挥着越来越重要的作用，帮助创作者组织想法、构建内容，并根据数据驱动的见解生成具有吸引力的故事情节。AI不仅可以帮助策划内容的结构，还可以通过建议主题、情节和角色来创建动态且引人入胜的故事。本节将探讨如何利用AI进行内容策划和故事构思，提供实用策略以增强创造力并确保与项目目标的一致性。

为什么AI适合用于内容策划与故事构思

AI能够处理大量数据、识别模式并提供创意建议，使其在策划内容和开发故事情节方面非常有效。AI工具可以帮助创作者勾勒内容框架，确定关键主题，并根据预定义目标生成吸引人的叙事。通过提供灵感、结构和建议，AI能够提升创作过程，节省时间并提高内容质量。

以清晰结构组织内容

AI擅长组织信息，并建议清晰、连贯的内容结构。无论你是撰写博客文章、策划营销活动还是编写视频脚本，AI工具都可以建议如何将复杂的想法分解为易于处理的部分，确保内容易于理解且具有影响力。

示例场景描述：一位视频导演正在为一款新推出的护肤产品策划广告视频。他需要撰写分镜头脚本，希望通过ChatGPT获得一些关于故事情节和镜头设计的灵感，帮助他更好地组织视频的叙事结构。他希望在广告中展现产品带给消费者的改变，同时通过引人入胜的故事吸引观众。

> **用户：** 我需要为一款新的护肤品拍摄一段广告。故事情节围绕一个忙碌的职业女性展开，她在使用产品后变得更加自信和从容。我需要撰写分镜头脚本，你能帮我规划一些关键的故事情节和镜头设计吗？
>
> **ChatGPT：** 好的！以下是一个初步的分镜头脚本框架，围绕职业女性的变化展开：
>
> 1. 镜头1——忙碌的早晨

镜头描述：清晨，主角匆忙起床，穿着睡衣在镜子前看着自己满是疲惫的脸。镜头中焦点是她暗淡的皮肤和倦容。光线昏暗，背景是凌乱的房间。

（情绪：展示主角压力大、缺乏自信的状态）

2. 镜头2——护肤品登场

镜头描述：主角从桌上拿起护肤品，特写镜头展示产品的精美设计。她打开瓶盖，轻轻挤出护肤霜，镜头拉近她将产品涂抹在脸上的动作。柔和的阳光开始透进房间。

（情绪：希望和改变的出现）

3. 镜头3——使用产品后的变化

镜头描述：镜头转向主角的皮肤逐渐恢复光彩，特写她的脸庞，皮肤显得更加健康。主角换上了职业装，镜子中的她显得更加自信。背景逐渐变得整洁明亮。

（情绪：从疲惫到自信，展现产品效果）

4. 镜头4——自信的工作日

镜头描述：主角走进会议室，精神焕发，镜头捕捉到同事们对她的关注。她自信地做出决定，会议顺利进行。背景光线明亮，色彩鲜艳。

（情绪：自信心的体现，产品为生活带来积极改变）

5. 镜头5——结束场景

镜头描述：主角下班后走在城市的夜景中，手中拿着护肤品，充满笑容。字幕出现：拥抱每一个自信的你，×××护肤品。

（情绪：广告结束，传递品牌信息）

用户： 这个结构非常清晰！我想在第二和第三个镜头之间再加一个过渡片段，展现产品带来的即时效果。你能给我一个补充镜头的建议吗？

ChatGPT： 当然！你可以在两者之间加入一个梦幻般的过渡片段，来展示产品的即时效果：

· 镜头2.5——护肤品的魔力

镜头描述：特写镜头展示护肤品的快速吸收效果，随着轻快的音乐响起，主角闭上眼睛，呼吸平缓。画面变得柔和，镜头转向她的皮肤，瞬间呈现出健康的光泽。镜头渐渐模糊，仿佛她的皮肤焕发了光彩。

（情绪：瞬间的皮肤改善效果，提升情感氛围）

在这个案例中，ChatGPT帮助导演规划了清晰的分镜头脚本结构，并提供了关键镜头的详细描述。AI不仅帮助组织了广告的叙事框架，还建议了具体的场景和镜头设计，确保故事的连贯性和情感引导。通过人机协作，AI为导演提供了灵感，而人类则进一步调整和优化了情节发展，使其与品牌目标保持一致。这展示了AI在内容策划和故事构思中的巨大潜力，但仍需人类团队对其生成的内容进行细化和提升。

生成故事创意与主题

AI还可以在生成故事创意或内容的主题方面发挥作用。通过分析趋势、受众偏好和现有内容，AI工具可以提供独特的故事情节、情节转折或主题创意，这些可能不会立即被人类创作者想到。这有助于拓展创造性可能性，并带来更具原创性的内容。

示例场景描述：一家电视制作公司正在筹备一部新的现代偶像剧，计划吸引18—30岁的观众群体。他们想利用AI工具生成一些独特的故事创意与情节转折，以打破常规偶像剧的套路，使故事情节更具原创性和吸引力。为此，他们使用ChatGPT并结合当前的流行趋势与受众喜好来帮助提出新颖的情节和主题方向。

用户：我们正在开发一部现代偶像剧，目标受众是18—30岁的年轻人。我们希望这部剧不仅具备传统偶像剧的爱情元素，还能够在情节和主题上有所创新。你能给我们提供一些独特的故事创意吗？

ChatGPT：当然可以！以下是几种独特的故事创意和主题方向：

1."时光交换"设定

剧集设定在现代，但加入了奇幻元素：主角是一位充满梦想的年轻演员，却意外发现自己可以与另一个时代的偶像明星交换生活。每当主角面对职业或感情上的困难时，他/她会在梦中进入过去，与那位已过世的明星对话和生活。这种时光交错的设定可以为剧情带来更多的悬念和转折，同时让观众体验过去与现代明星生活的对比。

2."假装失忆"情节转折

主角是一位当红偶像，却在一场意外中失去了记忆。

然而，随着剧情的发展，观众发现他／她实际上是假装失忆，目的是逃避娱乐圈的压力，重新找回真实的自我。这一情节转折不仅能抓住观众的兴趣，还可以引发大众探讨在聚光灯下生活的心理压力，使故事更具有深度。

3."虚拟爱恋"主题

在当今高度数字化的社会中，主角是一位网红主播，他／她在一个虚拟平台上拥有无数粉丝，但却在现实生活中感到孤独。剧情围绕他／她在虚拟世界中的虚拟恋情展开，但随着虚拟与现实的界限逐渐模糊，主角开始质疑自己的真实感情。该主题可以引发关于虚拟世界与现实世界的讨论，特别是当下年轻人如何平衡网络生活与真实生活的问题。

用户：这些创意很新颖，特别是"假装失忆"的情节。你能帮我进一步展开这个故事吗？比如在情节进展和转折上如何安排？

ChatGPT：当然可以！以下是对"假装失忆"情节的进一步展开：

• 第一阶段：主角在一次意外中"失忆"，他／她开始过着看似平凡的生活，不再受到名气的困扰。剧集中，他／她与一位普通人（也可能是童年好友）发展了一段甜蜜的爱情。然而，主角的粉丝和娱乐圈一直试图寻找他／她的下落，这为剧情增添了紧张感。

• 第二阶段：主角的恋人无意中发现主角的真实身

份，并开始怀疑他/她是否真的失忆。此时，故事进入情感和信任的冲突期，恋人和主角之间的矛盾加剧，剧情逐渐揭示主角的内心挣扎。

· 第三阶段：在恋人和外界压力下，主角最终不得不承认自己假装失忆的事实，但这时，他/她已经陷入了更复杂的情感纠葛——面对曾经逃避的生活，主角不得不重新做出选择：继续装下去还是勇敢面对公众和恋人？这种情节安排可以让故事进入高潮，充分挖掘人物内心的复杂情感。

通过利用ChatGPT生成故事创意，制作团队获得了几个具有独特性和新鲜感的情节设定。AI不仅提供了关于偶像剧的创新情节，还建议了如何结合现代观众的兴趣，增加戏剧性和情感冲突。最终，团队以这些创意作为故事构思的基础，进一步迭代并优化情节。AI的作用在于拓宽了创作思路，但人类团队仍需对创意进行细化、调整，确保故事符合市场需求，并与观众产生情感共鸣。这种人机结合的创作过程大大提升了创作效率和故事的创新性。

确保内容与目标和受众偏好一致

AI的数据驱动方法确保生成的或建议的内容与项目目标和目标受众的偏好一致。通过分析过往的表现数据、受众行为和内容趋势，AI可以帮助创作者确保他们的故事和内容计划能够引起预期受众的共鸣，并实现特定目标，如提升参与度、转化率或品牌知名度。

示例场景描述：一家食品公司正计划推出一款新型健康零食，目标受众是 25—40 岁的都市女性，尤其是那些重视健康生活方式的群体。公司希望通过内容营销提升品牌知名度并增加产品销量。他们使用 AI 工具来分析目标受众的偏好、过往广告活动的数据表现，并生成能与受众产生共鸣的内容。

用户： 我们计划推出一款新型健康零食，目标受众是 25—40 岁的都市女性，尤其是重视健康生活的群体。你能帮我生成一些适合的内容创意吗？我们希望确保内容与她们的兴趣和偏好一致。

ChatGPT： 根据你提供的受众信息和市场趋势，以下是几个内容创意方向：

1. "快速健康餐食搭配"系列文章：根据目标受众生活的快节奏需求，推出一系列文章，介绍如何将新款健康零食轻松融入日常餐食中，提供简单、美味、营养丰富的搭配建议。

2. "真实生活中的健康转变"客户故事：分享真实用户的故事，讲述他们通过简单改变饮食习惯、加入健康零食后如何改善了生活质量。通过引入具体故事，提升品牌的可信度和情感共鸣。

3. 社交媒体互动挑战——"一日健康零食挑战"：鼓励用户在社交媒体上分享他们如何在一天中选择健康零食，邀请大家展示自己如何在忙碌的生活中保持健康饮食，赢取品牌奖品。

4. 健康生活指南视频系列：拍摄短视频，邀请营养专家和健身教练来讲解健康零食对保持能量、控制体重的益处，并搭配实际示范，展示健康零食的日常使用场景。

用户：这些建议听起来不错，但我们如何确定这些内容能够引起目标受众的共鸣？有什么方法可以确保这些内容符合她们的需求和偏好？

ChatGPT：你可以使用AI分析过去受众的行为和偏好数据，以确保内容与目标一致。例如：

• 数据分析：通过分析你们的社交媒体、网站流量和互动数据，确定受众最感兴趣的健康话题、内容形式（文章、视频、社交媒体挑战等），以及参与度最高的时间段。

• 情感分析：使用AI对受众的评论、反馈和互动内容进行情感分析，确定哪些健康概念、食物搭配和生活方式最能打动她们的心弦。

• A/B测试：在内容发布之前，可以进行小范围的A/B测试，比较不同内容主题和形式的表现，确定哪种内容更能引发关注、互动和转化。

用户：有道理！我们会先分析现有的数据，找出最受欢迎的健康话题，并在内容发布后通过A/B测试进一步调整。谢谢你的建议！

在这个案例中，ChatGPT 不仅帮助生成了适合目标受众的内容创意，还通过数据驱动的方法确保这些内容能够与目标受众的需求和兴趣保持一致。AI 通过分析受众的行为数据、情感反馈以及内容趋势，帮助营销团队确保他们的内容策略能够最大化地提升参与度和品牌认同度。这种结合 AI 与人类洞察的方式，既确保了创意的新颖性，又确保了内容的相关性和有效性。

使用 AI 进行内容策划和故事构思的注意事项

AI 在创意过程中非常有价值，但在具体实践中，我们还需要注意以下原则，以获得更好的生成效果。

提供清晰的目标和输入

为了从 AI 中获得最相关且有用的建议，重要的是提供关于内容目标、受众和约束的清晰输入。这有助于 AI 生成与目标一致的内容计划和故事情节，并在项目的参数范围内发挥作用。

精炼并个性化 AI 生成的概念

虽然 AI 可以生成许多有用的想法和结构，但人类创作者需要对这些概念进行精炼和个性化处理。将独特的见解、创造力和个人化元素添加到 AI 生成的内容计划中，可以确保最终输出不仅实用，还能引起情感共鸣并与品牌调性一致。

对 AI 建议的想法进行迭代

AI 生成的内容计划和故事情节通常需要经过多轮迭代。收到 AI 的初步建议后，创作者应审查、测试并精炼这些想法，根据反馈、进一步的研究或新趋势进行调整。

平衡创造力与数据驱动见解

尽管AI擅长分析数据以提出可能表现良好的内容创意，但重要的是平衡数据驱动的见解与创造自由。人类创作者应将AI的见解作为指导，但不要害怕冒险或探索非传统的故事情节和主题。

创意难题的解决

创作过程往往需要克服各种挑战，从产生新想法到完善和执行复杂的概念。AI驱动的工具可以在帮助创作者应对这些挑战方面发挥重要作用，通过提供新视角、生成替代解决方案、简化工作流程，帮助创作者突破障碍，探索创新想法，并提高工作质量。通过自动化创作过程中的某些环节并提供数据驱动的洞见，AI能够帮助解决创意瓶颈、开拓创新思维并改进作品。本节探讨如何利用AI解决创作中的挑战，提供实用策略，将AI整合到问题解决和创意生成中。

常见的创意挑战及AI的帮助方式

无论是营销、内容创作、产品设计领域还是娱乐领域，创作者经常面临类似的挑战。这些挑战包括：创意产生、克服创意阻滞、完善概念以及确保执行过程的一致性。AI工具可以通过提供新见解、扩大可能性范围和自动化例行任务，帮助解决每个挑战，从而释放更多时间用于更高层次的创意思维。

当灵感枯竭时产生新想法

创作者面临的最常见挑战之一是想出新的、创新的点子。无论是缺乏灵感还是陷入创意困境，AI 都可以通过根据数据分析、趋势和用户输入生成新概念来帮助突破这些阻滞。通过分析大量不同来源的信息，AI 能够提供可能不会被人类创作者考虑的创意。

示例场景描述：一家广告公司正在为一项重要的客户项目进行创意开发。项目的目标是为一家新兴的科技公司推出的一款创新的智能家居产品设计广告。然而，创意团队在头脑风暴阶段遇到了灵感枯竭的困境，几天的讨论后依然无法提出新颖且符合客户期望的广告概念。于是，他们决定使用 ChatGPT 等 AI 工具来帮助他们突破创意瓶颈，生成一些新颖的想法和方向。

用户：我们正在为一款创新的智能家居产品设计广告。团队目前陷入了创意瓶颈，找不到独特的广告角度。这个广告的目标是让观众看到用户如何通过语音控制家中的一切设备，提升生活的智能化。你能帮我们想一些创新的广告创意吗？

ChatGPT：好的！以下是几种创新的广告创意方向：

1. "智能家居的未来" 情景广告

广告以未来生活为背景，展示主角如何通过语音控制家中的一切设备，从开灯到调节温度，再到启动咖啡机。通过展示未来生活的便利性，凸显产品的前瞻性技术，让观众感受到它带来的高效与舒适。

2. "生活助手" 角色设定

将智能家居产品拟人化，设定为用户的 "生活助手"，通过对话展示它如何帮用户完成日常任务，例如提醒日程、调节灯光、准备下班后放松的环境等。广告可以以轻松幽默的方式进行，增强产品的亲和力。

3. "时光之旅"故事线

广告展示一位用户从过去的手动操作时代"穿越"到现在的智能时代，突出智能家居产品如何彻底改变了他的生活，给予更多的时间与便利感。这种创意通过时空对比，让观众直观感受到产品的价值。

用户： 这些创意方向很有帮助！我喜欢生活助手的拟人化角度，可以让产品更有亲和力。你能帮我进一步展开这个概念吗？如何让它既有趣又具吸引力？

ChatGPT： 当然！你可以通过幽默对话和场景展示让智能家居产品成为用户生活中的最佳拍档。例如：

· 场景1：早晨，用户刚醒来，"生活助手"已经开始准备咖啡、打开窗帘，并温柔提醒今天的日程。

· 场景2：用户忘记了关灯，"生活助手"幽默地提醒："主人，我可没法睡觉哦，你忘了关灯呢。"

· 场景3：下班回家，"生活助手"通过温暖的灯光和舒缓的音乐营造一个放松的环境，向用户展示智能产品如何成为他们生活的一部分，提升幸福感。

用户： 这个"生活助手"的设定很有趣，也与我们的品牌调性一致。谢谢你的帮助！我们可以基于这个思路进一步开发广告脚本。

在这个案例中，ChatGPT 帮助广告公司在灵感枯竭时打破创意阻滞，通过生成一系列新颖的创意建议，使团队能够突破瓶颈。AI 不仅提供了多种可能性，还通过具体化某些概念帮助团队进一步完善广告创意。这展示了 AI 在解决创意难题时的有效性，特别是在创意团队遇到瓶颈时，它可以从不同角度提出新的想法，帮助创作者重新激发创造力。

完善和改进现有概念

一旦概念生成，如何完善和改进就成了另一个重要挑战。AI 工具可以通过分析现有内容或想法，提供改进建议，无论是调整语气、增强清晰度，还是优化目标受众。这样可以确保最终方案更加精练，并与创作者的愿景保持一致。

示例场景描述：一家旅游公司正在策划一场全球推广活动，以吸引更多年轻的自助旅行者。他们已经有了一个初步的广告概念，主题是"发现未知的世界"，但团队觉得创意还有提升空间，尤其是在语气和目标受众的针对性上。因此，他们使用 ChatGPT 帮助完善现有的概念，提升广告的吸引力和传播效果。

用户： 我们已经有了一个初步的广告创意，主题是"发现未知的世界"，目标是吸引年轻的自助旅行者。我们想优化这个概念，特别是在语气上更贴近年轻人。你能帮我们改进吗？

ChatGPT： 当然可以！首先，针对年轻自助旅行者，你的广告语气可以更加轻松、充满冒险感，并鼓励个性化探索。以下是一些优化建议：

1. 标题建议

· 世界等你来发现，出发吧！

· 探索属于你的冒险，发现未知的精彩！

2. 内容调整

在广告视频中展示旅行者在不同地点的真实体验，强调自发性和冒险精神，而不是传统的旅游景点。例如，一个年轻旅行者随性地选择了偏僻的小村庄，却意外发现了独特的文化体验。广告语可以突出"旅行的美妙在于它的未知，每一次出发，都是属于你的故事"。

3. 优化语气

通过加入更多口语化和年轻化的表达，拉近与目标受众的距离。例如："有些地方，只有自己去过才知道它的精彩。别再听别人讲，自己去看看吧！"

用户： 这些建议听起来很棒！我们喜欢"世界等你来发现，出发吧！"这个标题和内容方向。你能帮我们进一步改进文案的细节吗？尤其是让广告能更加打动年轻人。

ChatGPT： 当然可以！以下是改进后的完整广告文案示例：

世界在等你——不再是教科书里的地名，也不再是朋友圈里的照片。是时候自己去看看了！

跳上火车，或随性地选一个航班，发现你从未听说的小城，迷失在陌生的街道中，和当地人一起共享一顿从未尝试过的美味。因为，旅行的意义，在于每一个未知的转角都有属于你的惊喜！

所以，别再犹豫了，世界等你来发现，出发吧！

这段文案鼓励个性化的探索，表达轻松、口语化，更能引发年轻受众的共鸣。

在这个案例中，ChatGPT帮助团队通过优化语气和表达，使现有的广告概念更加贴近目标受众的情感需求和兴趣点。AI分析了原有的概念，并提出了具体的改进建议，如更符合年轻人的口语化表达、更强调个性化体验的情节发展，最终让广告更加精练且有吸引力。这展示了AI工具在帮助完善和改进现有创意时的价值，通过分析受众偏好和现有内容来提供更加精准的改进建议。

平衡创意与实际限制

在许多创意项目中，必须在艺术愿景与时间、预算和资源等实际限制之间取得平衡。AI工具可以通过提供在项目限制内最大化创意的现实解决方案来帮助优化这种平衡。AI能够协助管理资源、优化时间表，并提供符合成本效益的创意解决方案。

示例场景描述：一家广告公司正在为一个国际品牌策划大型广告活动。创意团队的原始构想是拍摄一个全球范围的实景广告，展示多个国家的地标和文化。然而，由于预算、时间和资源的限制，团队必须对这个创意进行调整。为了在不牺牲创意的情况下优化广告项目，他们决定利用AI工具来平衡创意愿景与实际的项目限制。

用户： 我们有一个大型广告创意，想要展示多个国家的地标和文化。但由于预算和时间限制，我们无法实地拍摄这么多场景。你能帮助我们找到一个既有创意又符合预算的解决方案吗？

ChatGPT： 我理解您的需求。为了平衡创意与实际限制，我建议可以通过以下方式来优化方案：

1.虚拟拍摄和CGI合成

通过使用高质量的CGI和虚拟场景创建技术，可以在绿幕下拍摄演员，然后将他们"置入"不同的地标背景中。这种方法成本远低于实地拍摄，并且可以在短时间内完成全球不同场景的展示。

2.本地化演员和素材重用

在不同地区拍摄局部镜头，并利用当地的演员和现有素材，减少长途旅行的成本与时间消耗。同时，通过编辑和后期制作，结合多个地区的素材，使整个广告看起来具有全球化的视野。

3.通过剪辑已有素材来讲故事

利用现有的库存视频素材库，可以将各地的风景与品牌故事融合。再结合动画或图像叠加，展示品牌的全球化形象。这种方法不仅成本低，还能迅速完成制作，避免实地拍摄的高昂费用。

用户：这些建议不错，尤其是利用现有素材和CGI的方案。你能帮我进一步细化如何通过本地化演员和虚拟场景来展示全球化效果吗？

ChatGPT：当然！以下是具体执行方案。

1. 本地化演员：可以在主要市场如欧洲、亚洲和美洲的几个城市拍摄局部场景，利用当地演员，结合当地文化风俗演绎品牌的使用场景。例如，可以拍摄一位巴黎的用户在埃菲尔铁塔前使用产品，再用类似的方式在纽约、东京等地展示。

2. CGI增强场景：为每个本地化场景添加具有标志性的地标或城市背景。例如，使用CGI技术在演员背景上添加埃菲尔铁塔或纽约的天际线，让观众感受到广告的国际视野，同时保持制作成本低廉。

3. 故事叙事的连续性：通过剪辑和过渡效果，将不同国家的场景无缝连接，确保广告整体看起来连贯和一致。比如，场景可以从巴黎转到东京，演员们可以通过统一的动作或使用产品的方式保持故事的连续性。

用户：这些建议非常有帮助！通过结合本地化演员与CGI合成，我们既能展示全球化的效果，又能在预算内完成制作。

在这个案例中，ChatGPT帮助广告团队在面对预算和时间限制时，提出了多个可行的创意解决方案，包括使用虚拟拍摄、CGI、素材库以及本地化演员等方法，帮助团队在不牺牲创意的情况下完成项目。这展示了 AI 如何帮助创意团队在面对资源限制时，提供切实可行的替代方案，实现创意与实际执行的平衡，同时确保项目的高效和经济性。

使用 AI 解决创意挑战的建议

AI 是解决创意障碍的强大工具，以下是使用 AI 解决创意挑战的建议。但记住，AI 只是创新的推动者，而不能替代人类的创造力。

在创意过程中尽早引入 AI

为了最大限度地发挥 AI 的作用，必须在创意过程的早期，尤其是在构思和策划阶段引入它。AI 可以生成广泛的想法，提供新方向，并帮助创作者从一开始就打破思维定式。这有助于预防创意瓶颈，确保项目有一个稳固的基础。

使用 AI 进行迭代和完善创意

AI 在迭代过程中特别有用，它可以帮助创作者在进展过程中精炼和改进自己的想法。通过使用 AI 测试概念的不同版本，无论是营销活动、剧本还是设计，团队都可以收集有价值的反馈，并做出调整，以推出更强大的最终产品。

将 AI 洞见与人类创造力结合

虽然 AI 可以生成创意解决方案，但人类创造力仍然是提供情感共鸣、文化相关性和对受众更深层次理解的关键。最好的创意解决方案来自将 AI 的数据驱动见解与人类创作者的直觉、想象力和经验相结合。

利用 AI 处理耗时的任务

AI可以自动化创作过程中烦琐或耗时的环节，例如研究、编写草稿或整理想法，使创作者能够将更多时间和精力投入到更高层次的创意工作中。通过让AI处理重复性任务，创作者可以节省时间来专注于战略性和富有想象力的工作。

利用绘图AI，高效完成设计工作

在当今的数字化环境中，视觉元素（如图像、图标、图形和动画）在吸引观众注意力和有效传达信息方面起着至关重要的作用。AI驱动的工具已经彻底改变了视觉内容的创作方式，使设计师、营销人员和内容创作者能够快速高效地生成高质量的视觉内容。AI可以帮助制作原创艺术作品、自动化设计流程，甚至可以根据受众偏好定制视觉效果。这一部分探讨如何利用AI生成视觉元素，从头脑风暴设计概念到生成成品。

AI在生成视觉元素中的优势

AI驱动的视觉内容创建工具具有一系列功能，能够简化设计过程。无论是生成定制插图、创建品牌特定的图标，还是设计布局，AI都可以帮助自动化重复性任务，生成新的创意想法，并优化整体工作流程。通过学习庞大的数据集和用户输入，AI可以生成符合当前趋势、品牌指南以及特定受众偏好的视觉效果。

加快设计创作的速度和效率

AI工具通过自动化许多传统设计工作流程中的步骤，大大加快了视觉内容创建的过程。AI可以快速生成多个版本，设计人员可以从中选择最佳选项或优化现有想法，而不是手动设计图标或布局。

创建定制艺术作品和设计

AI可以通过将机器学习与模拟人类艺术技术的创意算法相结合，协助创建原创艺术作品或设计。无论是生成插图、标志还是数字绘画，AI驱动的工具都可以生成符合特定艺术方向或品牌身份的高质量视觉元素。

为不同受众定制视觉内容

AI擅长根据不同受众群体生成个性化的视觉内容。通过分析用户的行为和偏好，AI可以生成适合特定人口、地区甚至个人品味的视觉效果，使内容更具吸引力且与目标受众更相关。

用AI生成图片

虽然AI在创建视觉元素方面具有强大的功能，但将其与人类的创造和监督结合起来尤为重要。以下是使用AI生成视觉内容的最佳实践，生成的内容既在视觉上引人入胜，又与项目目标保持战略一致。

提供清晰的设计参数

为了获得最准确和实用的视觉输出，必须为AI工具提供清晰的设计参数和输入。无论是颜色方案、风格偏好，还是特定的品牌指南，提前定义这些元素有助于确保生成的视觉效果与您的创意愿景保持一致。

　　示例场景描述：一位小红书博主正在为他的下一篇帖子设计配图，帖子内容是关于中国西部自驾游。为了确保视觉效果吸引人且符合想要的调性，他决定使用能够生成图片的AI工具Midjourney。他向Midjourney详细描述了画面的构图，以确保生成的图片与他的设计一致。（注意：目前Midjourney还不能很好地识别英文之外的提示词，因此需要我们将自己设计的画面描述文字转换成英文。当然，这个工作同样可以使用人工智能来轻易完成。）

　　英文提示词：The background of the image is the Gobi in Northwest China, and in the front of the image is a civet cat lying on the hood of a red SUV. The image was shot with a high resolution SLR in an exuberant style that suits the aesthetics of the younger crowd.（提示词原文：图案背景是中国西北的戈壁，画面前方是一只狸花猫趴在一辆红色越野车的引擎盖上，图像使用高清单反拍摄，风格奔放，符合年轻群体的审美。）

　　只用了几秒钟，Midjourney根据提示词生成了4张不同的图片。

经过比较，小红书博主决定选择最后一张图片。

对AI生成的视觉效果进行迭代和优化

AI生成的视觉元素通常是一个起点，可以进一步优化和定制。设计师应将AI输出视为草稿或灵感，接下来要运用自己的创造力调整设计，添加独特元素，确保视觉效果完全符合项目要求。

Midjourney具有对现有图片进行扩展或局部重新编辑的功能，允许小红书博主进一步完善自己的设计想法。

比如，将图片向右进行扩展：

比如，修订提示词，让猫戴上一顶牛仔帽，并在原图上选定修改范围：

几秒钟后，Midjourney根据新的需求生成了新的图片：

近年来，绘图 AI 技术的发展日新月异，其迭代速度之快令人惊叹。从最初只能处理简单的线条和图形，到如今能够生成高度复杂、富有创意的艺术作品，绘图 AI 的功能越来越丰富。它不仅可以根据文字描述生成图像，还能模拟多种艺术风格，处理细腻的纹理与光影效果。面对这样的技术革新，人们应当与时俱进，学习如何利用 AI 工具提升创作效率，拓展艺术表达的边界。掌握这些新技术，不仅能跟上时代的步伐，还能在创作中获得更多灵感和机会。

利用 AI 工具链同步实现创意和设计

除了使用类似 Midjourney 这样专门的图像生成 AI 工具之外，我们还可以配合 ChatGPT 的创意能力，创建属于自己的 AI 工具链。在快速生成创意的同时，即时地让这些创意变成显示图片。

示例场景描述：一名设计师想要为中秋节设计一款海报，但没有很好的创意，于是他先让 ChatGPT 帮他生成一些方案，并同步提供了可以输入给 Midjourney 的提示词。

> **用户：** 我是一名设计师，我需要为中秋节设计一款海报，我希望你能够提出 3 套不同风格，但都很喜庆的底图创意方案，并生成具体的可以直接复制的 Midjourney 提示词。

> **ChatGPT：** 以下是 3 套不同风格的中秋节海报底图创意方案，您可以根据这些设计思路打造喜庆的中秋节海报。每套方案都包含可以直接复制的 Midjourney 提示词。

方案一：传统节日风格

这款底图以传统节日风格为主，色彩鲜艳，包含象征中秋的元素，如大红灯笼、桂花、满月和波纹图案，营造出浓厚的节日氛围。背景主要以红色为主，金色为点缀，象征着喜庆与团圆。该方案适合强调传统文化美感的设计。

Midjourney提示词：

"A festive Mid-Autumn Festival poster background with large red lanterns, golden osmanthus flowers, a full moon in the night sky, and traditional Chinese wave patterns. The background is predominantly red with golden accents, evoking a sense of celebration, family reunion, and warmth. The overall aesthetic is traditional and elegant, with rich textures and vibrant colors."

方案二：现代简约风格

这款底图采用现代简约风格，主打极简设计理念。巨大的满月和简洁的几何图形构成主要背景元素，配以柔和的渐变色调（如蓝色与紫色的过渡），给人一种平静和现代的视觉体验。该设计适合希望传递高雅和现代感的中秋节海报。

Midjourney提示词：

"A minimalist Mid-Autumn Festival poster background with a large full moon at the center, surrounded by soft geometric shapes and gentle gradients of blue and purple. The overall design is sleek and modern, with a clean aesthetic and subtle use of light and shadow, creating a calm and elegant atmosphere. This background focuses on simplicity and balance, perfect for a sophisticated and modern celebration."

方案三：卡通欢乐风格

这款底图采用卡通风格，充满活力和童趣。画面元素包括可爱的卡通兔子在满月旁跳跃，彩色的灯笼和星星点缀在背景中，色彩明亮而欢快，适合面向家庭和儿童的设计。整体色调欢快且轻松，充满中秋节的节日气息。

Midjourney 提示词：

"A joyful cartoon-style Mid-Autumn Festival poster background featuring cute cartoon rabbits jumping around the full moon, colorful lanterns hanging in the sky, and twinkling stars scattered across the background. The design uses bright and cheerful colors, creating a playful and festive atmosphere. This background is lively and fun, perfect for family-friendly or children-focused celebrations."

这三套设计方案涵盖了传统、现代和卡通风格，每个方案都充满了中秋节的喜庆氛围，您可以根据需要选择最适合的风格。

方案一：传统节日风格

方案二：现代简约风格

方案三：卡通欢乐风格

该设计师复制上述提示词，并在 Midjourney 上进行了简单的尺寸和图片参数设置，很快就得到了生成的各组图片。

接下来，设计师就可以根据自己的喜好进行具体的选择，并且还可以使用上一节讲述的方法，对图片的具体细节进行调整。

用 AI 完成其他设计工作

除了生成图片，利用 AI 完成其他设计工作正在成为越来越普遍的趋势。AI 不仅在图像生成和网页设计方面展现了强大的功能，还能够帮助设计师优化各种其他类型的创作任务，如品牌设计、排版、用户体验测试等。AI 工具通过自动化常规工作、提供数据驱动的优化建议，使设计师可以将更多精力集中在更具战略性和创意性的工作上。接下来，我们将探讨 AI 如何在不同设计领域中发挥作用，并通过实际案例展示 AI 如何助力提升设计效率和质量。

AI 在网页设计与布局优化中的应用

网页设计是一项复杂的任务，需要在美观与功能之间找到平衡，同时提升用户体验。随着项目规模的扩大，设计师往往会遇到如何快速迭代和优化设计的问题。AI 工具的出现，正好解决了这些挑战，它通过分析用户行为、自动生成布局，并进行多轮优化，帮助设计师提升效率。

AI 如何帮助优化网页设计

1. 数据驱动分析：AI 可以通过分析用户的点击率、浏览行为等数据，找出用户在网站上遇到的问题。例如，AI工具如 Hotjar 能够通过热图、用户滚动行为等数据分析出网站设计中的低效区域，帮助设计师快速发现用户停留时间短或点击率低的地方。

2. 自动生成布局与优化：AI工具如 Wix ADI 能够根据预设的设计风格、目标用户和内容，自动生成多个布局供设计师选择。这种方式不仅节省了手动设计时间，还能基于行业最佳实践生成优化的设计。AI可以快速生成适合不同屏幕和设备的响应式设计，确保用户在不同终端上的体验一致。

3. 自动测试与迭代：AI工具能够在后台自动进行A/B测试，测试不同版本的设计方案，找出最适合用户需求的设计。比如使用Optimizely，团队可以测试两种不同的主页布局，AI会根据用户的实际使用情况推荐更优的设计。

比如，一家公司希望优化其在线零售网站的主页，以提高购物车转化率。他们使用 Hotjar 分析用户行为，发现购物车按钮位置不显眼，用户在浏览几分钟后经常放弃购物。随后，通过 Wix ADI，生成了几个优化后的页面布局，其中重点突出购物车按钮，并简化导航结构。经过 Optimizely 的A/B测试，优化后的主页将购物车转化率提升了30%。

AI优化设计的优势

· 节省时间：AI可以快速生成初步设计草稿，帮助设计师避免从头开始的冗长过程。

· 数据驱动决策：通过用户行为数据的反馈，设计优化不再是凭直觉进行，而是基于实际的用户交互数据。

• 加速迭代：设计师可以通过 AI 快速测试多个版本的设计，减少试错成本。

要注意的是，在实际操作中，设计师需确保提供给 AI 的用户数据是准确且实时的。虽然 AI 能生成初步方案，但设计师的监督和调整依然关键，确保输出符合品牌调性和用户需求。

AI 在品牌设计与标志生成中的应用

品牌设计是企业与受众建立联系的核心部分，标志作为品牌识别的重要元素，更是至关重要。传统的品牌设计过程往往需要多轮草稿、调整和审查，不仅耗时，而且成本较高。AI 工具的引入为品牌设计带来了显著的效率提升，帮助企业在较短的时间内获得多样化的设计方案。

AI 如何帮助生成品牌设计

1. 自动生成品牌标志：AI 工具如 Looka 和 Tailor Brands，能够通过输入品牌名称、行业、风格偏好和关键字，生成多个品牌标志设计。设计师无须从零开始，AI 会根据预设的参数自动创建符合品牌调性的初步方案。之后，设计师可以对 AI 生成的标志进行进一步优化和定制，使之更符合品牌的独特需求。

2. 视觉识别系统的设计：AI 不仅限于标志的生成，还可以帮助设计师创建完整的视觉识别系统，包括品牌的色彩方案、字体组合以及视觉元素的排版。例如，Canva 的 AI 驱动功能可以为企业生成基于品牌的社交媒体模板、宣传材料等视觉内容，帮助保持品牌一致性。

比如，一家新兴的健康饮品公司希望创建一个能够体现自然与活力的品牌标志。他们通过 Looka 输入了公司名称、目标受众和风格要求（如自然色调、简洁风格），AI生成了多种初步标志设计，包含树叶、阳光等象征元素。最终，公司选择了一个简洁的绿色树叶图案，设计师在此基础上调整了颜色和细节，完成了品牌标志的设计。

AI优化品牌设计的优势

• 多样性：AI可以快速生成多个设计草稿，提供更多创意方向供选择。

• 时间和成本节省：AI大幅缩短了设计流程，减少了设计师从头构思和手动调整的时间。

• 定制化可能性：AI生成的标志可以进一步由设计师进行优化和微调，确保符合品牌的独特需求。

尽管AI可以快速生成多种设计方案，但设计师的创意和判断力依然是确保最终品牌标志与企业文化、受众需求一致的关键。AI工具生成的初步方案应被视为起点，而非最终结果。

AI在排版与字体设计中的应用

排版与字体选择是设计中的关键环节，影响着整个设计作品的美感、可读性和品牌调性。设计师在面对大量字体和排版选择时，常常需要进行多轮尝试，以找到最合适的搭配。AI工具的引入使这一过程大大简化，它能够根据内容和风格自动推荐最佳的字体组合，并优化排版布局，帮助设计师快速做出决策。

AI如何帮助优化排版与字体设计

1. 智能推荐字体组合：AI工具如 Fontjoy 可以通过分析设计风格

和内容主题，自动推荐符合项目需求的字体搭配。设计师只需选择项目的整体风格（如现代、复古、简洁），AI便会提供字体组合建议，并展示这些字体如何在不同场景中应用。

2. 自动优化排版布局：AI工具如 Adobe Fonts 结合机器学习技术，能够根据文本内容的长短、主题和设计框架，自动调整字体的大小、字间距和行间距，不仅能确保排版美观，还能提高可读性。它还可以生成多种排版方案，供设计师快速比较和选择。

比如，一位自由设计师正在为一位客户设计宣传手册，内容多为大段文字描述，涉及多种不同主题和层次。为了提升排版效率，他使用 Fontjoy 和 Adobe Fonts。通过输入宣传手册的风格（如现代、简约）和目标受众，AI推荐了适合的字体组合，如标题使用粗体的无衬线字体，正文部分则选择了易于阅读的衬线字体。随后，AI进一步帮助优化了整体排版布局，自动调整行距和字间距，使宣传手册的整体排版更加流畅。

AI优化排版与字体设计的优势

· 加速设计过程：AI工具能够通过智能推荐与自动调整，减少设计师手动选择字体和排版的时间。

· 数据驱动的决策：AI可以通过分析文本和设计目标，做出基于内容结构的字体推荐，确保设计作品的视觉一致性和信息传达的有效性。

· 多样化选择：AI工具可以生成多种字体组合和排版布局，帮助设计师快速对比不同方案，并根据项目需求做出调整。

虽然AI能够提供快速且有创意的字体搭配和排版方案，但设计师在最终决策时仍需考虑项目的品牌调性和目标受众的阅读习惯。AI生成的排版建议不应完全替代设计师的判断，尤其是在涉及高度个性化和品牌相关的设计项目时，人工干预仍然至关重要。

AI在用户体验测试与改进中的应用

用户体验设计是决定数字产品成功与否的关键。优化用户体验通常需要多轮测试和用户反馈，这个过程不仅耗时，还涉及大量的数据分析。AI工具在这方面的优势显而易见，它能够自动分析用户行为数据，识别出用户在交互中的问题点，并提供改进建议。这大大简化了用户测试的过程，同时帮助设计师快速找到优化的方向。

AI如何帮助优化用户体验

1. 自动分析用户行为数据：AI工具如Maze 和UserTesting 能够自动收集并分析用户的操作数据，追踪用户点击、停留时间和页面跳出率等指标。这种数据分析能够帮助设计师快速了解用户在页面或应用中的使用习惯，识别出哪些部分存在问题。

2. 生成用户体验改进建议：基于收集到的数据，AI工具可以自动生成用户体验改进建议。例如，AI可以识别出用户在某些步骤中流失率较高，可能是由于页面布局复杂或按钮不够显眼。AI会建议调整按钮大小、优化页面结构，或减少不必要的步骤以提高用户体验的流畅性。

比如，一家电商平台发现用户在结账环节的流失率较高，导致购买转化率受到影响。通过使用Maze工具，平台对结账页面的用户行为进行了详细分析，发现用户在填写地址信息时流失最多。AI分析显示，这个步骤过于复杂，导致用户放弃购买。随后，AI建议平台简化地址输入流程，改用自动填充技术，并突出"立即购买"按钮。经过这些改进，结账流程变得更加简洁，用户流失率显著下降，平台的转化率提高了15%。

AI优化用户体验设计的优势

• 高效分析与反馈：AI工具能够实时分析大量用户数据，自动生成分析报告，帮助设计师快速找到用户痛点并提供优化方案。

• 减少手动测试时间：传统的用户体验测试往往需要大量人力和时间，而AI自动化工具能极大缩短这个过程。

• 个性化改进建议：AI根据不同用户群体的行为模式提供个性化的优化建议，使得设计更具针对性。

虽然AI工具能够快速分析用户行为并提出优化建议，但设计师需要根据项目的具体需求和品牌特点对建议进行筛选。AI提供的建议应当作为参考，最终的用户体验优化方案仍需结合设计师的专业判断与用户的实际需求。

AI在动画与动态设计中的应用

动态设计和动画在当今的网页和应用中起着至关重要的作用，能够提升用户体验，传递情感信息。然而，创建高质量的动画通常需要耗费大量时间和精力。随着AI工具的引入，设计师可以通过自动化的方式生成或优化动画，大幅提高设计的效率和效果。AI能够帮助设计师快速生成动画，简化帧之间的转换，并优化动效，使其在多个平台上表现出色。

AI如何帮助动态设计与生成动画

1. 自动生成动画效果：AI工具如LottieFiles和Runway可以帮助设计师通过简单的输入生成高质量的动画。设计师只需提供基本的设计方向和元素，AI便能生成流畅的动画效果，节省了手动处理每一帧的时间。例如，LottieFiles通过提供可编辑的矢量动画文件，设计师可以将其轻松嵌入网页和移动应用中，达到高度可控和互动的效果。

2. 帧优化与自动调整：AI能够自动分析动画帧之间的衔接，进行帧速率优化和转换。例如，AI可以根据设备性能自动调整动画的帧速率，确保动画在不同设备和不同尺寸的屏幕上都能流畅运行。Runway的AI工具还能帮助处理复杂的视觉效果，自动补全丢失的帧，使动画更加自然流畅。

比如，一家金融科技公司正在开发一款新的移动支付应用，他们希望通过一个简洁而富有动感的开场动画来展示品牌的科技感与创新力。设计团队使用LottieFiles创建了一段基于矢量图形的开场动画，展示用户从打开应用到完成支付的流程。通过AI自动生成和优化的动画，他们只用了短短几天便完成了设计、修改和集成工作。

同时，团队还使用Runway对动画进行了优化，确保动画在所有移动设备上都能保持高帧率和清晰的显示效果。

AI优化动画设计的优势

• 速度提升：AI工具能够自动生成高质量的动画效果，减少了设计师逐帧调整的时间，大大加快了工作流程。

• 多平台兼容性：AI可以根据不同设备和平台自动调整动画的帧速率和分辨率，确保用户在不同终端上获得一致的体验。

• 自动化流程：复杂的动效设计，特别是在处理视觉效果或帧转换时，AI能够自动生成衔接流畅的动画，减轻了设计师的工作负担。

在使用AI生成动画时，设计师仍需保持整体设计风格和品牌形象的一致性。AI生成的动效往往需要结合设计师的审美标准进行微调，以确保符合品牌的调性和用户的期望。同时，确保动画在不同设备和平台上的表现一致，尤其是对于需要高性能运行的应用，仍需通过人工测试来完善效果。

"AI+数据"制定个性化营销战略

如何用AI制定营销战略

制定有效的营销战略对企业来说至关重要，它能够帮助企业触达目标受众、提升品牌知名度并推动销售。AI驱动的工具正在改变制定和执行营销战略的方式，使营销人员能够利用数据驱动的洞察力自动化流程，并优化营销活动的表现。通过分析客户行为、识别趋势以及测试不同的策略，AI帮助营销人员创建更加精准且高效的营销活动，使其与受众产生共鸣。

AI在制定营销战略方面表现出色，因为它能够处理海量数据，识别模式并提供可操作的洞察力。无论是分析客户偏好、监控竞争对手活动还是预测市场趋势，AI工具都使营销人员能够基于数据做出决策，从而提高营销活动的有效性。通过自动化营销流程的许多方面，AI让营销人员能够将更多的精力投入到高级别的战略规划和创意执行中。

识别目标受众和客户细分

制定营销战略的首要步骤是识别并细分目标受众。AI可以分析客户数据，包括人口统计、在线行为、购买历史和社交媒体活动，将受众细分为不同的群体。这使得营销人员能够为不同的受众群体量身定制信息和活动，提高相关性和参与度。

示例场景描述：一家线上服装零售商希望优化其营销战略，以吸引不同年龄段的顾客，并推出更有针对性的营销活动。他们决定利用 AI 工具来分析现有客户数据，以识别目标受众并进行细分，确保他们的营销信息能够更好地与不同群体产生共鸣。

*用户：*我们是一家线上服装零售商，希望通过 AI 来识别目标受众，并对客户进行细分。你能帮我们分析现有客户数据，提出一些建议吗？

*ChatGPT：*当然！为了分析客户并进行细分，我需要一些关键数据。这包括以下几个方面：

1. 客户的年龄、性别和地理位置：这将有助于我们识别哪些群体在您的网站上更为活跃。

2. 购买历史：了解客户购买了哪些类型的商品（如休闲装、正式服装等），购买频率和平均订单金额是多少。

3. 在线行为数据：例如，哪些客户更频繁浏览，哪些页面停留时间较长，是否有特定产品类别的高点击率。

4. 社交媒体互动数据：分析客户在社交媒体上与您品牌的互动频率，识别粉丝群体中的活跃用户。

有了这些数据，AI 可以根据人口统计、兴趣和行为特征，将客户细分为不同的群体。

用户：（提交数据文件）好的，这些数据我已经上传给你了。请进行分析。

ChatGPT：根据这些数据，我们可以进行初步的客户细分。

1.年轻群体 (18—29 岁)

这些客户偏爱休闲服装，喜欢跟随潮流，并且在社交媒体上更活跃。可以为这一群体创建更加视觉化、时尚感强烈的社交媒体广告，尤其是在小红书上，利用短视频和时尚穿搭展示他们感兴趣的新品。

2.中年群体 (30—45 岁)

这一群体更多地选择商务和正式服装，可能在职场中处于上升期。您可以设计更加专业、简洁的营销信息，突出服装的质量、剪裁和专业形象，同时通过电子邮件向他们发送定制推荐。

此外，AI 可以进一步根据购买频率将这些群体分为"忠诚客户"和"潜在客户"，分别制定不同的促销和推荐策略。

用户：这个细分听起来很合理！我们会基于这些群体进行营销活动的设计。能否帮我们进一步细化针对"年轻群体"的社交媒体营销策略？

ChatGPT：当然可以！针对年轻群体的社交媒体营销，可以尝试以下策略：

1. 时尚博主和网红合作：通过与小红书上的时尚博主合作，展示您品牌的休闲装系列。让他们分享穿搭建议并使用品牌标签。

2. 互动性强的活动：创建"穿搭挑战"或"风格对比"的互动活动，鼓励用户分享自己的穿搭照片，增加品牌曝光率。

3. 定期发布新品预告：利用小红书或短视频，展示即将推出的新款，保持年轻客户的兴趣。

AI 还可以继续分析这些活动的参与度，优化未来的推广方案。

在这个案例中，AI 帮助零售商分析了现有的客户数据，并进行了有效的客户细分。通过对购买历史和社交媒体互动的分析，AI 提供了针对不同年龄段客户的定制营销建议。AI 不仅加速了客户细分的过程，还通过数据洞察，为品牌制定更加精准的营销策略提供了有力支持。

预测趋势与消费者行为

AI 工具可以分析历史数据并预测未来趋势，帮助营销人员预测消费者行为的变化和市场动态。通过早期识别新兴趋势，营销人员可以领先于竞争对手，并调整战略以抓住新的机会。

示例场景描述：一家美容产品公司希望通过 AI 工具预测市场趋势和消费者的购买行为，以便在竞争激烈的市场中保持优势。通过对过去的销售数据、社交媒体趋势以及消费者偏好的分析，AI 工具可以帮助公司提前识别新兴的美容趋势，并调整产品战略，以更好地满足消费者需求。

>   *用户：* 我们是一家美容产品公司，想利用 AI 预测未来的市场趋势和消费者行为。我们可以提供过去几年的销售数据和社交媒体互动数据。你能帮我们分析并预测一些即将流行的趋势吗？

>   *ChatGPT：* 好的！为了进行有效的趋势预测，我需要以下数据：

>   1. 过去几年的销售数据：包括每个产品的销售量、地区差异、季节性变化等。

>   2. 社交媒体数据：了解哪些美容产品和话题在社交媒体上最受欢迎，包括使用用户评论、互动量和趋势话题。

>   3. 消费者反馈：包括线上评论、购买后反馈等数据，帮助分析消费者对产品的情感和需求变化。

>   通过这些数据，AI 可以识别过去的购买模式、流行成分或产品类型，并预测未来的市场需求。

>   *用户：* （提交数据文件）我已经将相关数据提交给你。请进行分析和预测。

>   *ChatGPT：* 根据你提供的销售数据和社交媒体趋势，AI 的初步分析显示，有机和天然美容产品在未来仍将是一个重要趋势。消费者尤其是 18—35 岁这一群体，越来

越关注成分的天然性和环保性。以下是预测的几个趋势：

1. 有机美容产品继续增长：结合过去几年的销售数据，AI预测天然成分的美容产品需求将继续上升，特别是在意识到环保和健康的消费者中。这种趋势不仅影响护肤品，还延伸到彩妆和头发护理产品。

2. 个性化护肤方案：随着消费者越来越关注个性化体验，AI预测个性化护肤产品将成为下一个重要趋势。未来几年，我们可能会看到更多根据个人肤质和偏好定制的护肤方案。

3. 无水配方的产品：AI还发现，在社交媒体上，"无水美容"的讨论量逐渐增加。这一趋势反映了消费者对环保和资源节约的关注，预计会吸引那些寻求可持续性解决方案的客户群体。

用户： 这些预测听起来很有道理。我们可以根据有机美容和无水配方的趋势开发新的产品线，并在营销活动中突出环保和健康的元素。你能帮我们进一步分析个性化护肤的趋势吗？

ChatGPT： 当然！AI可以通过分析用户的在线行为、肤质数据和消费习惯，帮助公司创建个性化护肤方案。例如，通过提供在线皮肤测试，收集消费者的皮肤数据，AI可以根据这些数据推荐个性化的护肤品组合。同时，AI还可以通过实时分析用户反馈和市场反应，持续优化产品推荐。

在这个案例中，AI帮助美容公司预测了未来的市场趋势，并提供了新产品开发和市场营销的方向。通过对销售数据和社交媒体趋势的分析，AI识别了有机美容、个性化护肤和无水配方的趋势，帮助公司领先于市场变化，抓住新的机会。AI还通过持续分析消费者行为，帮助公司根据实时数据调整营销战略，使其能够快速响应市场动态，优化商业决策。

优化渠道选择

AI可以帮助营销人员识别最有效的渠道来接触目标受众。通过分析不同受众群体如何与各种平台（如社交媒体、电子邮件、搜索引擎或传统媒体）互动的数据，AI可以推荐最佳的渠道来传递营销信息，确保活动在最大程度上吸引受众。

示例场景描述：一家运动装备公司计划推出一款新型跑步鞋，并希望通过最有效的渠道触达其目标受众。为了提高营销活动的效率，避免在不相关的平台上浪费预算，公司决定使用AI分析过去的营销数据、客户行为以及各平台的表现，从而选择最适合的推广渠道。

> **用户：** 我们计划为一款新型跑步鞋策划一个营销活动，目标受众是20—40岁的跑步爱好者。我们想知道通过哪些渠道能够更好地接触这些受众。你能帮我们分析并推荐合适的营销渠道吗？

> **ChatGPT：** 当然！为了为您推荐最佳的渠道，我需要以下数据：

> 1. 过往营销活动的表现数据：包括社交媒体、电子

邮件、搜索引擎等平台的效果，如点击率、转化率和成本。

2. 客户的行为数据：包括您网站的流量来源、用户在不同平台上的互动频率，以及购买历史。

3. 目标受众的线上行为数据：例如，目标受众在社交媒体上的活跃度、电子邮件的开信率、他们常用的搜索引擎，以及是否倾向于通过广告点击购买。

用户：（提交数据文件）我已经提交了你要的数据，请开始分析和推荐。

ChatGPT：根据这些数据和您的目标受众，AI分析得出以下优化渠道选择的建议：

1. 小红书：由于年轻跑步爱好者经常在小红书上寻找健身建议和产品测评，可以通过发布跑步鞋的真实体验测评和互动性内容来吸引用户。例如，与跑步博主合作，推出详细的使用测评，鼓励用户参与互动和讨论。

2. 百度推广：虽然成本较高，但可以通过优化关键词选择来提高广告的精准性。例如，使用"跑步鞋推荐"或"运动装备新品"等高转化关键词，吸引有明确购买意图的用户，缩小广告投放范围以提高投资回报率。

3. 抖音广告优化：虽然点击率不错，但转化率偏低。可以考虑优化广告内容，利用短视频展示产品的优势和场景应用，或者通过抖音直播让观众直观看到产品性能，增加即时互动和销售。

4. 微信推送改进：虽然打开率偏低，但可以通过 AI 分析优化推送时间和内容。针对曾关注或浏览过跑步鞋相关内容的用户，发送个性化推荐或折扣信息，有效提升转化率。

用户：这些建议很有帮助！我们会继续在小红书上推送产品测评内容，并优化百度推广的关键词。另外，我们会在抖音广告中增加短视频演示产品性能，并考虑进行抖音直播活动。

ChatGPT：针对抖音直播，可以通过以下策略增强效果：

1. 与运动达人合作直播：邀请跑步博主或运动达人在直播中展示跑步鞋的实际使用效果，并与观众互动，解答问题。通过限时优惠吸引观众立即购买。

2. 用户生成内容：在直播前，通过抖音发起"我的跑步装备"挑战，鼓励用户上传自己穿着跑步鞋的视频，使用品牌标签并参与抽奖，提高品牌曝光率和用户互动。

3. 抖音短视频与直播结合：在直播前发布几段短视频，预告直播活动并展示产品亮点，确保更多潜在客户关注直播。

在这个案例中，AI 帮助运动装备公司分析了国内的营销活动数据，并优化了渠道选择。通过对用户行为和各平台表现的分析，AI 推荐了最有效的渠道组合，包括小红书、抖音和百度推广。公司不仅通过 AI

优化了营销渠道，还提升了各平台的转化率。AI 的帮助使公司能够更精准地触达目标受众，并在合适的平台上有效推广新产品。

个性化营销信息

AI 允许营销人员创建高度个性化的营销信息，这些信息能够与每位客户产生共鸣。通过分析客户数据，AI 可以定制个性化推荐、产品优惠和信息传递方式，使其直接针对客户的偏好和行为，从而提高转化率。

示例场景描述：一家电商平台正在寻找方法，通过个性化营销来提高其产品的转化率。为了达到这个目标，他们决定使用 AI 工具分析客户的历史购买数据、浏览行为以及偏好，进而推送更加精准的产品推荐和定制化优惠信息。平台希望通过个性化营销，使每位客户感觉到他们获得的是专门为其设计的独特体验。

用户：我们是一家电商平台，想使用 AI 为客户生成个性化的营销信息。我们可以提供客户的购买历史和浏览数据。你能帮我们生成定制化的产品推荐和优惠信息吗？

ChatGPT：可以！为了为每位客户生成个性化的推荐，我需要以下数据：

1. 购买历史：包括客户过去的购物记录和频率，帮助确定他们喜欢的产品类型和品类。

2. 浏览行为：分析客户在网站上停留时间最长的页面或频繁浏览的产品类别，以识别潜在的购买兴趣。

3. 偏好数据：如果有，您可以提供客户填写的偏好或喜好信息，例如喜欢的颜色、风格、品牌等，这有助于进一步细化推荐。

基于这些数据，AI可以生成与客户个性化需求和兴趣高度匹配的产品推荐和优惠。

用户：（提交数据文件）我已经提交了你要的数据，请帮我生成定制化的产品推荐和优惠信息。

ChatGPT：根据这些数据，AI生成了以下个性化的推荐信息：

1. 客户A：根据他频繁购买运动鞋和最近浏览的运动配件页面，AI推荐最新款跑步鞋，并提供与该客户最喜爱的品牌合作的限时优惠券。营销信息可以是："亲爱的A先生，根据您的浏览记录和购物偏好，我们为您推荐了最新款的[品牌]跑步鞋，今天限时享受20%优惠，快来看看吧！"

2. 客户B：客户B最近浏览了多个冬季外套的页面，并曾购买同一品牌的产品。AI生成的推荐可以是："B女士，看到您对冬季外套特别关注，我们特别为您推荐最新的[品牌]冬季系列，现在购买立即享受会员专属8折优惠，温暖过冬！"

3. 客户C：这位客户对电子产品非常感兴趣，最近浏览了数码相机页面。AI可以推送定制优惠信息："C先生，您可能会喜欢我们最新的[品牌]数码相机系列，现在购买可享受免费快递和赠品，快来选购您的理想产品吧！"

用户： 这些推荐非常符合客户的兴趣！个性化信息肯定会提升客户的参与度和转化率。我们会在接下来的营销活动中使用这些 AI 生成的个性化推荐。

ChatGPT： 个性化信息的进一步优化建议包括：

1. 动态优惠调整：可以根据客户的行为进行实时优惠调整。例如，若客户频繁查看某款产品但未购买，AI 可以在未来几天内发送特定折扣或提醒信息，以增加转化机会。

2. 多渠道定制推送：AI 还可以根据客户常用的通信渠道（如微信、邮件或短信）来推送个性化信息，确保客户在最合适的渠道看到推荐。

在这个案例中，AI 帮助电商平台根据客户的购买历史和浏览行为生成了个性化的推荐和优惠信息。通过为每位客户定制独特的营销信息，平台不仅提升了客户体验，还大幅提高了购买转化率。AI 的个性化功能使每位客户都感受到信息的针对性，帮助营销人员更好地满足客户需求，从而实现更高的营销效率。

AI 个性化营销的好处有很多，比如，提升用户体验，使客户感受到更为个性化的互动；提高转化率，因为推荐的产品和优惠信息更符合客户的实际需求和兴趣；高效利用客户数据，优化营销策略。

但有两件事需要我们特别注意：一是要确保数据的隐私和安全，

使用客户数据时要遵守相关法律法规。二是要定期更新客户偏好和行为数据，确保生成的个性化信息始终符合客户的最新需求。

测量表现并优化活动

AI通过跟踪关键绩效指标（KPI）并提供实时的活动有效性洞察，能够持续优化营销战略。通过监控转化率、点击率和客户参与度等指标，AI工具可以提出调整建议，以提高活动表现并最大化投资回报率。

示例场景描述：一家电商公司推出了一项为期两周的促销活动，目标是提高新用户注册率并增加产品购买量。为了确保活动的成功，公司使用AI工具实时跟踪关键绩效指标，如转化率、点击率和用户参与度。AI还提供了关于活动表现的洞察，帮助营销团队持续优化活动策略，最大化投资回报率。

用户： 我们正在进行一项为期两周的促销活动，目标是提高新用户注册率，增加产品购买量。我们想用AI工具来跟踪活动的表现，特别是实时了解哪些环节的表现不好，是否可以调整。你能帮我们提出建议吗？

ChatGPT： 当然！为了更好地跟踪和优化您的促销活动，AI可以实时监控以下关键绩效指标：

1. 转化率：跟踪从点击广告到完成注册或购买的转化路径，找出用户在转化过程中遇到的障碍。

2. 点击率：分析各类广告和平台上的点击率，评估广告的吸引力和效果。

3. 客户参与度：监控用户在您的网站或应用上的互

动，如浏览时长、页面跳出率等。

根据这些实时数据，AI可以提供具体的优化建议，例如调整广告内容、改进登录页面设计或优化用户流程。

用户：（提交相关数据）我提交了移动端的相关数据，你能帮我们分析吗？AI有什么优化建议？

ChatGPT：AI分析了移动端的转化数据，发现以下问题可能影响了转化率：

1. 加载速度慢：AI检测到移动端页面加载时间较长，这可能导致用户流失。建议优化移动端网站的加载速度，尤其是结账页面。

2. 简化结账流程：移动端结账流程相对复杂，涉及过多步骤。AI建议简化结账流程，减少用户填写的必要信息，并支持自动填写功能，以提高购买体验。

3. 个性化推荐不足：虽然您的广告吸引了很多点击，但进入页面后的产品推荐未能根据用户偏好进行个性化展示。AI建议改进产品推荐系统，展示与用户行为相关的商品，以提高转化率。

用户：这些建议很有针对性！我们会立即优化移动端的加载速度和结账流程。你能继续跟踪活动表现，确保优化能带来预期效果吗？

ChatGPT：当然可以！AI将继续实时监控活动表现，并提供以下改进方向：

1. A/B测试：在优化页面后，通过AI进行A/B测试，比较不同版本的页面表现。评估哪个版本更能提升转化率，并快速做出调整。

2. 动态调整广告：如果某些广告在特定时段的点击率较高，AI将建议集中在此时段加大广告投放，并暂停效果较差的时段投放，优化预算使用。

在此案例中，AI工具帮助电商公司实时跟踪了促销活动的各项关键指标，并根据用户在移动端的行为和转化情况，提出了具体的优化建议。通过调整结账流程、优化页面加载速度并使用个性化推荐，AI协助公司提升了转化率，并通过动态监控和A/B测试实现了更高的投资回报率。注意，在使用AI工具时，我们要确保数据的准确性，避免因数据偏差而做出错误判断，并且可以持续进行A/B测试和用户反馈收集，确保活动优化始终符合目标受众的需求。

使用AI制定营销战略的原则

虽然AI是制定营销战略的强大工具，但当与人类的监督和创意相结合时，它的效果最佳。以下是使用AI制定营销战略的几个原则，在实践中需要我们始终铭记在心。

利用AI进行数据驱动的洞察

AI在分析大量数据并提供有助于营销决策的洞察时最为有效。营销人员应该依赖AI分析客户行为、细分受众并预测趋势，但创意和直觉仍然是撰写引人入胜的营销信息和策划活动的关键。

结合AI与A/B测试进行持续优化

AI工具能够提供有价值的策略有效性洞察，但测试和迭代是优化表现的关键。营销人员应使用AI运行A/B测试，测试不同的营销策略，并根据实时数据优化活动，以实现更好的效果。

在保持人性化的同时进行个性化

AI能够实现高度个性化的营销，但确保信息传递仍然具有真实性和人性化至关重要。营销人员应使用AI为不同受众群体定制内容，同时保持亲切自然的语气。

基于AI洞察进行监控和调整

AI工具提供了关于营销战略表现的实时数据，使营销人员能够快速调整以改进结果。营销人员应持续监控活动指标，并利用AI洞察来优化目标定位、信息传递和预算分配，以实现最大的影响力。

这里我们再介绍一些能够用于制定营销战略的AI工具：

HubSpot

HubSpot 是一个入站营销平台，提供AI驱动的工具来自动化营销工作流程、细分受众并跟踪活动表现。它提供数据驱动的洞察，帮助营销人员优化他们在电子邮件、社交媒体和搜索等渠道上的战略。其特点是：

- AI驱动的受众细分与目标定位
- 自动化的电子邮件和社交媒体营销

• 表现跟踪与优化工具

Marketo Engage

Marketo Engage 是一个AI驱动的营销自动化平台，帮助管理企业和优化营销活动。它提供潜在客户管理、客户细分和表现分析等工具，使营销人员能够创建有针对性的策略。其特点是：

• AI驱动的客户细分与潜在客户评分

• 自动化的营销工作流程与活动

• 深入的表现分析以优化表现

Sprout Social

Sprout Social 是一个社交媒体管理工具，利用AI分析社交媒体数据，跟踪参与度指标，并提供优化内容策略的洞察。它帮助营销人员管理多个社交媒体账户并制定数据驱动的营销活动。其特点是：

• AI驱动的社交媒体分析与报告

• 受众参与度跟踪与优化

• 内容排期与管理工具

Hootsuite

Hootsuite 是一个社交媒体管理平台，提供AI驱动的工具来排期、监控和分析社交媒体内容。它帮助营销人员简化社交媒体战略，并优化与受众的互动。其特点是：

• AI驱动的内容推荐与排期

• 表现分析与洞察

• 受众参与度跟踪

用 AI 模拟情境，推动商务谈判

在商务谈判中，模拟谈判策略

商业谈判通常涉及复杂的互动，每一方都希望在平衡各自利益的同时最大化自身的收益。AI驱动的工具在改进谈判策略方面起着重要作用，它可以通过建模各种情境、分析过去的谈判数据以及模拟潜在结果，帮助谈判方制定更有利的策略。AI能够提供谈判策略的实时反馈，识别妥协的领域，并建议优化双方结果的策略。

AI在商业谈判中非常有效，因为它能够处理大量数据集、分析历史谈判结果并实时模拟多种情境。AI工具能够帮助谈判者了解不同方法的优劣势，预测对方的反应，并优化实现期望结果的策略。通过利用数据，AI可以为谈判动态提供公正的见解，使谈判者做出更明智的决策，并在谈判过程中调整战术。

模拟多种谈判情境

AI在商业谈判中的一大优势是可以模拟多种谈判情境。AI工具可以基于各种谈判策略建模不同的结果，使谈判者能够在进入谈判室之前预估每种方法的潜在影响。这有助于谈判者为广泛的可能性做好准备，并选择最有可能实现其目标的策略。

示例场景描述：一家科技公司正在与一家大型零售商进行合作谈判，目标是达成一项长期的供应协议。由于谈判涉及复杂的价格结构、长期合作条款和各方利益，科技公司希望通过AI工具模拟不同的谈判情境，找出在多方利益平衡中最有利的策略。公司决定使用AI来分析历史谈判数据，并通过多种情境建模帮助他们做出最优决策。

用户： 我们正在与一家大型零售商谈判一份长期的供应协议，涉及多个条款和价格方案。我们希望通过AI模拟不同的谈判情境，了解每种策略的潜在结果。你能帮我们分析并模拟出不同的情境吗？

ChatGPT： 当然！为了帮助您模拟不同的谈判情境，我需要以下信息：

1.过去类似谈判的数据：包括价格谈判、条款妥协以及最终达成的协议。

2.主要谈判要点：如价格范围、合同期限、产品数量和任何附加条款。

3.对方的需求和目标：了解对方可能关注的关键点（如成本控制、长期供应稳定性等）。

基于这些信息，AI可以建模多种不同的谈判策略，分析每种策略可能带来的结果，并提供实时反馈，帮助您做出最有利的决策。

用户：（提交相关数据）我们希望重点讨论价格区间

和产品数量折扣的方案。我们可以提供过去几次与其他
零售商谈判时达成的价格和协议数据。能帮我们模拟几
种情境吗？比如在不同的价格和数量组合下，对方的可
能反应是什么？

ChatGPT：根据您提供的历史谈判数据，AI将模拟
几种关键情境：

1.价格区间 vs. 数量折扣情境：假设公司希望以较低
价格达成协议，但对方更关注数量折扣。AI模拟显示，
如果您同意提供更大数量的折扣，零售商可能在价格上
做出更大让步，这将提升长期合作的可能性。AI建议您
提出阶梯式折扣方案，随着订单数量增加，折扣幅度加
大，从而在双方利益间找到平衡。

2.长期 vs. 短期协议情境：AI分析表明，零售商可能
更倾向于签订长期合作协议，以确保供应稳定。通过这
一点，您可以使用长期合同作为谈判筹码，要求对方在
价格上做出让步。AI建议在5年和3年的合同期中分别设
定不同的价格优惠，以测试对方的反应。

3.附加服务情境：AI还模拟了加入附加服务（如物
流支持或售后服务）的谈判情境。通过为零售商提供额
外的附加服务，您可以争取更高的单价，AI预测对方可
能更愿意接受这些条件。

用户：这些模拟结果很有价值！特别是阶梯式折扣
方案可以帮助我们在价格上获得更有利的条件。我们会

利用长期合同作为谈判筹码，同时提供附加服务作为补充条款。你能帮助我们进一步优化这些策略吗？

ChatGPT： 当然可以！AI建议在接下来的谈判中进行以下优化：

1.实时调整策略：通过AI实时监控对方的反应，动态调整谈判策略。如果对方对某些条款表现出兴趣或犹豫，您可以立即调整价格或附加条款以保持谈判进展顺利。

2.分析对方的妥协点：AI可以通过历史数据预测对方可能的妥协点，例如在长期合同中可能愿意放弃一些非关键条款。您可以根据这一预测提出不同的选择，帮助谈判更快达成共识。

在这个案例中，科技公司利用AI工具模拟了不同的谈判情境，帮助他们预测对方的反应并制定更有利的策略。通过分析历史谈判数据，AI提出了多种谈判方案，包括价格与数量折扣、长期协议和附加服务的组合。这不仅帮助公司在谈判中保持了主动，还提升了最终达成协议的可能性。通过AI的实时反馈和动态优化，谈判者可以灵活应对谈判中的变化，并及时调整策略。在这个过程中，我们要注意在输入数据时确保数据的准确性和全面性，以便AI能够提供可靠的模拟结果。此外，谈判中的人际因素仍然至关重要，AI提供的建议应与谈判者的经验和判断力相结合，以确保结果符合实际需求。

分析历史谈判数据

AI可以分析过去的谈判数据，以识别模式、趋势和成功的策略。通过了解哪些策略在过去的谈判中表现良好，AI工具可以为未来的谈判推荐最佳方法。这种基于数据的分析使谈判者能够根据证据而不是直觉做出更明智的决策。

示例场景描述：一家汽车零部件供应商正在与一家重要汽车制造商进行新一轮的价格和供应协议谈判。为了在谈判中取得优势，该供应商决定使用AI工具分析其过去5年的谈判数据，包括价格策略、供货条款和最终的谈判结果。他们希望AI能够通过识别成功的谈判模式，帮助他们制定更有效的策略，并基于历史数据做出更明智的决策。

用户： 我们是一家汽车零部件供应商，过去几年里与多家汽车制造商进行了多次价格谈判。我们希望使用AI工具来分析这些历史谈判数据，了解哪些策略最成功，并在未来的谈判中应用这些策略。你能帮我们分析吗？

ChatGPT： 可以！为了进行有效的分析，我需要以下数据：

1. 过去谈判的关键数据：包括每次谈判中提出的初始价格、对方的反馈和最终达成的价格，以及涉及的条款和让步。

2. 不同谈判策略的使用情况：例如，是以价格妥协还是供货条款作为主要谈判筹码？

3. 谈判结果：分析谈判的最终成果，包括签订的合同条款、供货期限和后续关系的维持情况。

基于这些数据，AI可以帮助识别过去哪些策略效果最好，哪些方面经常导致成功的结果，并根据这些模式提供未来谈判的建议。

用户：（提交相关数据）好的，这些数据我们都有。在之前的谈判中，我们有时会以价格为主要谈判点，有时则用供货周期来谈判。但我们不确定哪种策略效果更好。能否帮我们分析哪些策略在谈判中表现更好？

ChatGPT：AI通过分析过去5年的谈判数据，发现以下模式较好：

1. 供货周期为主的谈判更为成功：AI识别出，当您使用更灵活的供货周期作为谈判筹码时，对方通常更愿意在价格上妥协。这种策略尤其在供应链紧张时期表现出色。例如，在与X公司谈判时，您通过延长供货周期赢得了更有利的价格条件。

2. 价格妥协在大型合同中较有效：在涉及大批量订单时，您通过略微调整价格获取了更多长期合同。特别是在与Y公司的谈判中，AI分析发现，价格的微调帮助公司赢得了3年的供货合同。

3. 结合策略的成功率更高：AI还发现，在结合价格与供货周期作为谈判策略的情况下，达成的协议不仅在条款上更灵活，双方的后续合作关系也更加稳定。根据这些模式，AI建议未来可以继续采用这一混合策略，确保谈判双方在关键利益点上都有所让步。

用户：原来供货周期的灵活性在谈判中更有优势！我们会在未来的谈判中更多地利用这一点。同时，我们也会在涉及大订单时用价格微调策略。你能帮我们进一步优化未来谈判的策略吗？

ChatGPT：当然可以！AI 还建议在未来的谈判中结合实时市场数据进行动态调整。例如，当市场供需紧张时，您可以利用供货周期的灵活性获取价格优势，而在市场稳定时，您可以通过价格微调赢得更多长期合同。此外，AI 建议在谈判过程中设立更多的让步台阶，以便在谈判中为对方提供更有吸引力的选择，从而加快谈判进程。

在这个案例中，AI 帮助汽车零部件供应商分析了过去的谈判数据，识别出不同策略在不同情境下的效果。通过分析历史数据，AI 提供了基于证据的洞察，帮助供应商在未来的谈判中制定更有针对性的策略。历史数据的分析不仅揭示了成功的模式，还为未来谈判提供了优化的建议，确保谈判者能够做出更明智的决策。

预测对方行为

AI 可以利用历史数据和行为分析来预测谈判对手的行动和反应。通过了解对方可能的举动，谈判者可以预见到反对意见，准备反驳，并制定应对潜在障碍的策略。这使得谈判占据主动地位，并增加了成功的可能性。

示例场景描述：一家中型技术公司正准备与一家大型软件供应商进行续约谈判，涉及定价、服务条款和合作期限。过去的几次谈判中，大型软件供应商往往在价格上较为强硬，而在服务和额外支持上有更多的让步空间。技术公司决定利用AI工具来预测对方在这次谈判中的可能行为，提前制定相应的谈判策略，以便在关键时刻掌握主动。

用户：我们即将与一家大型软件供应商进行续约谈判。对方过去在价格上态度强硬，但在服务条款上有时会让步。AI能否帮助我们预测对方在这次谈判中的行为，以便更好地应对？

ChatGPT：可以！AI可以基于历史谈判数据和对方的行为模式，分析出对方在这次谈判中的潜在反应。为了帮助您预测对方的行为，我需要以下信息：

1.过去几次谈判的记录：包括价格、服务条款和对方的最终妥协点。

2.对方的公司战略与近期市场表现：了解对方目前的市场地位、经济压力和其近期的商业目标。

3.谈判的主要议题：如价格上限、服务条款、附加支持等。

有了这些数据，AI可以预测对方可能在哪些领域坚持强硬立场，并在哪些方面有让步的可能。

用户：（提交相关数据）好的，我们过去的谈判数据

表明，他们在价格上一直非常坚持，但在服务和技术支持条款上更容易让步。我们这次希望在价格上争取一个更好的折扣，但对技术支持和服务也有更高的要求。你能帮我们预测对方的反应，并给出应对策略吗？

ChatGPT：AI 分析了过去几次谈判的结果和对方的行为模式，预测出以下几种可能的反应：

1. 强硬的价格立场：基于对方在历史谈判中对价格的强硬态度，AI 预测他们这次仍然会在定价上采取保守立场，尤其是在续约期间的定价方案上。为此，您可以在服务条款上提出更高的要求，作为价格谈判的交换条件。

2. 服务条款上的灵活性：对方过去曾在服务支持上妥协，AI 预测这次他们也会在这一领域作出让步。您可以在谈判初期表现出对服务条款的关注，并在谈判后期将价格问题与服务支持进行打包谈判，利用其服务灵活性换取价格上的妥协。

3. 长期合作的优势：AI 还发现，对方对长期合作有较高的重视度，因此您可以将长期合作，作为谈判的另一个筹码。通过延长续约的年限，您可能获得更大的折扣空间。

用户：这些预测很有帮助！我们会把价格和服务条款捆绑起来谈判，并将长期合作作为价格谈判的支撑。你还能进一步帮助我们制定具体的谈判策略吗？

ChatGPT：当然可以！AI建议您采取以下具体策略：

1. 先谈服务，后谈价格：首先在服务条款上进行讨论，提出您对技术支持的高要求和附加服务的需求。在达成一致后，进入价格谈判，通过提高服务支持的标准来换取价格让步。

2. 灵活使用长期合作：如果对方在价格上始终坚持，可以提出延长合作年限以换取价格优惠，并强调这对双方的长期合作和稳定性都有利。

3. 准备反驳论点：AI预测对方可能会用市场价格压力作为坚持高价的理由。为此，您可以准备关于近期市场竞争加剧、技术支持的重要性等反驳论点，强调服务质量对整体合作的重要性。

在这个案例中，AI通过分析历史谈判数据，帮助技术公司预测了供应商在价格、服务条款和长期合作上的行为模式。通过AI提供的预测，技术公司提前制定了具体的谈判策略，确保在谈判中掌握主动权，最大化谈判成果。AI不仅能够预测对方的反应，还可以帮助谈判者准备应对策略，提高谈判的成功率。

提供谈判中的实时反馈

AI可以在现场谈判过程中提供实时反馈，帮助谈判者了解其策略的有效性。随着谈判的展开，AI工具可以分析对话，跟踪关键绩效指标，并根据对方的反应建议调整谈判策略。这使谈判者能够即时调整其策略，应对谈判中的动态变化。

示例场景描述：一家制造公司正在与其长期原材料供应商进行价格谈判，目标是确保更低的采购价格以应对原材料市场波动。在谈判过程中，供应商对价格调整提出了强烈反对，并给出了自己的市场分析。制造公司决定使用AI工具提供实时反馈，帮助他们评估当前的谈判策略，并根据对方的反应即时调整谈判战术，以便更好地应对供应商的动态变化。

用户：我们现在正在与供应商进行现场谈判，供应商对我们提出的价格调整方案持反对意见。能否提供实时反馈，帮助我们判断当前的谈判进展，并提出调整策略的建议？

ChatGPT：当然！AI可以实时分析谈判中的对话和对方的反应，帮助评估当前策略的有效性。以下是AI实时提供的反馈和建议：

1. 分析对方的情绪和反应：根据供应商的言辞和语气，AI分析出对方对价格调整的抵触主要源于近期市场波动，供应商可能担心利润缩减。因此，AI建议您通过强调长期合作的稳定性以及未来的潜在订单量来缓解对方的担忧，并增强他们对价格调整的接受度。

2. 调整策略的建议：目前的价格谈判策略较为直接，AI建议您采取更加灵活的立场，或提出分阶段调整价格的方案。例如，您可以先接受当前价格，随着合作加深，逐步实现价格下降，这样对方可能会更愿意接受。

3. 实时评估谈判进展：AI跟踪了谈判中的关键点，发现对方在服务条款上表现出较大灵活性。这可能是您妥协的切入点，可以用更优惠的服务条款换取部分价格让步。

用户： 这些反馈很有帮助！我们会立即在谈判中提到长期合作的稳定性，并提出分阶段调整价格的方案。你能继续帮助我们分析对方的后续反应吗?

ChatGPT： 当然可以！AI将继续提供以下实时反馈：

1. 情绪检测与分析：如果对方在听到分阶段价格调整方案时，您分析出他们的情绪有一定程度的缓和，这表明他们可能开始考虑这一建议。您可以进一步详细说明未来合作带来的长期价值，以增强这一策略的影响力。

2. 及时调整策略：如果供应商表现出对分阶段方案的接受意向，AI建议您尽快锁定这项协议，防止对方重新提起价格问题。此时可以转移话题，专注于具体执行细节和后续合作条款，保持谈判的良性进展。

在这个案例中，AI通过提供实时反馈，帮助制造公司在谈判过程中评估供应商的反应，并即时调整谈判策略。AI通过情绪分析、对话跟踪和实时数据评估，提供了关于谈判进展的动态反馈，使制造公司能够灵活应对谈判中的变化，并最终达成更有利的协议。但实际操作中，我们要注意的是，在使用AI提供的反馈时，要根据实际情况进行灵活调整，不要完全依赖机器的建议。在复杂谈判中，AI 的反馈应结合人类经验与直觉，确保策略的有效性和适应性。

优化谈判战术

AI 可以分析不同的谈判战术，并推荐实现期望结果的最有效方法。无论是提出权衡方案、识别妥协领域，还是优化提议的时机，AI 工具都可以提供基于数据的见解，帮助谈判者完善其战术并提高成功的机会。

示例场景描述：一家科技初创公司正在与一家大型投资机构进行融资谈判，目标是达成有利的投资条件和公司发展空间。面对经验丰富的谈判对手，初创公司希望利用 AI 分析不同的谈判战术，以便选择最有效的方式达成目标。通过 AI 工具分析过往的成功谈判数据和各种战术的效果，初创公司可以提前准备权衡方案、识别可妥协的领域，并优化提议的时机，提高谈判的成功率。

> **用户：** 我们正在与一家投资机构进行融资谈判，目标是达成合理的投资条件和估值。投资方对股权要求较高，我们希望 AI 能帮我们分析不同的谈判战术，并找到最有利的方式。你能帮忙吗？

> **ChatGPT：** 可以！AI 可以根据不同战术在类似谈判中的成功表现，为您推荐最优的谈判策略。以下是 AI 的初步建议：

> 1. 权衡方案的推荐：AI 建议可以提出部分股权以换取未来追加投资的条款。分析表明，这种方案在确保初

期资金的同时，避免一次性稀释过多股权，能吸引投资方进一步支持。

2.妥协领域识别：AI识别出估值问题是双方矛盾的焦点。建议您在未来收益分配上表现出一定的灵活性，以换取较高的初期估值，这样既可以在未来保持足够的成长空间，又可以让投资方看到可观的回报。

3.优化提议的时机：AI建议您在谈判进入中期时提出股权权衡方案，而非一开始。这让投资方先专注于前期估值和投资金额，从而减缓其在股权稀释方面的要求。

用户： 这个分析对我们很有帮助！我们会在中期提出股权权衡方案，保持较高的估值。你还能帮我们优化未来收益分配的提议方式吗？

ChatGPT： 当然可以！AI建议在谈判的后期阶段提出一种逐步增加收益分配的方案，即在公司实现一定里程碑后提升投资方的收益权利。例如，未来的收益分配可与年收入增长挂钩，这样投资方不仅会在初期获得合理的收益，还能通过公司年收入增长获得更高回报。

此外，AI建议保持提议的灵活性，即根据谈判进展及时调整收益分配的具体数值，使谈判更具适应性，确保最终达成协议。

在这个案例中，AI帮助科技初创公司分析了不同的谈判战术，提供了多个优化建议。通过AI的数据分析，公司选择了适当的权衡方案，识别出对方可能接受的妥协领域，并根据对方的谈判节奏调整提议的时机和内容。最终，这些战术的优化大大提高了谈判的成功率，为公司争取到了更有利的投资条件。当然，谈判中的灵活性和适应性仍然需要人类谈判者的判断力，以确保战术应用符合实际情况。

谈判文档的准备

谈判文件的准备是确保商业谈判取得成功的关键步骤之一。这些文件，包括合同、条款清单、提案和协议，是记录各方谈判条款和条件的正式记录。正确编制的文件有助于避免误解，明确各方的责任，并保护各方的利益。AI驱动的工具可以显著提升文件准备过程，自动化任务、确保准确性，并提供数据驱动的见解以强化谈判立场。

合理利用相应的AI工具，我们可以做到以下几点：

1. 自动化文档起草

AI可以利用模板和预定义条款自动生成文件。这种自动化过程不仅节省时间，还能确保文件包含必要条款。例如，一家法律团队使用AI生成了一份保密协议，AI根据模板库自动填写条款，快速生成了合规文件。

2. 确保文件的准确性与一致性

AI在文档审查方面表现出色，能够自动识别错误或冲突的条款，确保各部分内容一致。例如，AI系统在审查一份供应合同时，标记出不一致的条款，使团队在最终定稿前进行修正，从而降低风险。

3. 识别风险与机会

AI可以分析文件并识别可能的风险和可利用的机会，如隐藏责任或不利条款。例如，一家科技公司在审查软件许可协议时，通过AI发现了可以优化版税结构的机会，增加了收益份额。

4. 确保法律和监管合规

AI可自动检查文件的法律和监管合规性，尤其适用于金融、医疗等监管严格的行业。例如，一家金融公司使用AI审查贷款协议条款，确保符合当地银行法规，减少了违规风险。

5. 根据谈判需求定制文件

AI可以根据谈判背景和双方需求，灵活调整文件内容。例如，AI工具根据供应商的历史绩效数据调整交货时间表和延迟处罚条款，确保文件既合规又符合谈判需求。

使用AI优化谈判文件还有一些技巧和原则需要我们了解：

利用预定义模板和自定义条款

使用标准模板可确保文件的规范性，而AI根据具体情况对模板进行自定义，例如调整条款和定价结构，简化文件准备过程。

结合AI与人类专业知识

尽管AI能够提供高效的文档处理支持，但复杂的法律条款解释和谈判中的动态调整仍需要法律专业人士的协作，以确保文件精准反映谈判需求。

定期更新合规标准

法律和行业法规不断变化，要确保AI工具保持更新以反映最新的合规标准，避免因法规更新导致的潜在风险。

这里我们再介绍一些能够用于制定营销战略的AI工具：

DocuSign CLM

DocuSign CLM 是一个 AI 驱动的合同生命周期管理平台，可以自动化法律文件的准备、审查和管理。它提供合同起草、合规检查和文件分析的功能，简化了整个文件准备过程。其特点是：

- AI 驱动的合同起草与自动化
- 合规验证与风险评估
- 文件版本控制与审批流程

Kira Systems

Kira Systems 是一个 AI 驱动的合同分析工具，帮助企业审查法律文件、识别风险并提取关键条款。它在分析复杂合同并确保所有相关条款都包含在内方面尤其有用。其特点是：

- AI 驱动的合同审查与风险识别
- 关键条款与术语的自动提取
- 与现有合同管理系统集成

Luminance

Luminance 是一个 AI 驱动的平台，专为法律文件分析和合同审查设计。它使用机器学习自动化识别关键条款，确保符合法律标准，并标记文件中的任何风险或不一致之处。其特点是：

- AI 驱动的合同审查与合规检查
- 关键合同条款的自动识别
- 风险评估与文件分析

Evisort

Evisort 是一个 AI 驱动的合同管理平台，帮助企业自动化合同起草、审查和管理。它提供文档定制、合规验证和实时合同分析的功能。

其特点是：

- AI 驱动的合同起草与定制
- 自动化合规检查与风险缓解
- 实时文档分析与版本控制

使用 AI 推动商务谈判的原则

虽然 AI 是改进谈判策略的强大工具，但它与人类的直觉、经验和情感智力结合时效果最佳。以下是利用 AI 进行商业谈判以实现最佳结果的一些原则：

将 AI 洞察与人类专业知识结合

AI 可以为谈判策略提供有价值的见解，但人类的专业知识和判断力对于解读数据和做出决策至关重要。谈判者应利用 AI 指导其策略，但要依靠自身的经验、情感智力和对谈判背景的理解来做出最终决策。

实时监控并适应变化

AI 可以在谈判过程中提供实时反馈，使谈判者根据对方的反应调整其战术。谈判者应利用 AI 跟踪关键绩效指标，并进行实时调整，以提高成功机会。

运行模拟测试不同策略

在进入谈判之前，可以使用 AI 模拟运行不同策略，帮助谈判者评估每种方法的潜在结果。这使团队能够测试各种战术并在与对方接触前优化其策略。

这里我们再介绍一些可以用于商务谈判的 AI 工具：

Pactum

Pactum是一个AI驱动的谈判平台，可以自动化商业协议的谈判过程。它使用AI分析数据、模拟谈判情境并优化谈判流程以获得更好的结果。其特点是：

- AI驱动的谈判自动化
- 基于数据的情境建模与策略推荐
- 实时提出谈判见解与调整建议

Lexion

Lexion是一个AI驱动的合同管理平台，帮助企业简化合同谈判。它提供AI驱动的合同条款、谈判策略和风险缓解的见解，使团队能够更有效地进行谈判。其特点是：

- AI驱动的合同分析与谈判见解
- 自动风险识别与缓解策略
- 实时合同表现监控

其他工作场景中的 AI 应用

人力资源管理

人力资源管理（Human Resources Management, HRM）是任何组织成功的关键，涵盖招聘、管理和发展员工队伍。AI驱动的工具已经改变了人力资源管理，简化了流程，改善了决策，并增强了员工体验。从人才招聘、员工入职到绩效管理和劳动力规划，AI帮助HR团队更高效地运营，基于数据做出决策，并培养更有参与感和生产力的员工队伍。

AI在人力资源管理中的有效性主要体现在处理大量数据、自动化重复性任务以及提供员工行为、技能和绩效的洞察方面。通过使用AI，HR团队可以专注于战略性任务，如员工参与和组织发展，而将行政流程、数据分析和员工支持交给技术工具来处理。

以下是在人力资源管理工作中利用AI的几种具体方式。

1.自动化招聘和人才获取

招聘是HR部门最耗时的任务之一。AI可以通过自动化招聘的各个阶段显著提升人才获取的效率，从筛选简历、将候选人与职位描述匹配到安排面试和进行初步评估。AI工具利用NLP和机器学习算法根据候选人的技能、经验和文化契合度筛选最佳人选。

AI驱动的招聘平台自动筛选数千份简历，并根据候选人的资历和职位描述的匹配程度对候选人进行排名。AI还通过预设问题进行初步虚拟面试，为HR团队提供最合适的候选人名单。

2.改善员工入职和培训

AI可以通过自动化行政任务并提供个性化的学习和发展路径来提升员工的入职体验。从自动化处理文书工作到提供AI驱动的培训模块，新员工可以更快、更高效地完成入职流程。AI工具可以根据每位员工的角色、技能和职业目标量身定制培训计划。

AI驱动的入职平台自动化完成HR文书工作，设置员工档案并为新员工分配培训模块。AI工具还根据每位员工的职位提供个性化学习路径，确保他们从第一天起就接受相关培训。

3.增强员工绩效管理

AI可以通过分析员工工作数据来改善绩效管理，提供绩效趋势洞察、识别高绩效者并推荐个性化发展计划。AI工具可以跟踪关键绩效指标，提供实时反馈，并帮助经理识别改进领域或职业发展机会。

AI驱动的绩效管理系统分析多个不同来源的员工绩效数据，如项目结果、同事评估和目标完成率。AI为经理提供实时的团队绩效洞察，并识别可能准备好晋升或愿意承担更多责任的优秀员工。

4.优化劳动力规划和排班

AI可以通过分析员工的可用性、技能和工作量来协助HR团队进行劳动力规划，创建高效的员工排班表。AI工具可以根据历史数据和业务增长趋势预测未来的员工需求，帮助HR团队更有效地分配资源。这减少了员工过多或不足的风险，从而提高了运营效率。

AI驱动的劳动力规划工具分析业务活动模式并预测未来的人员需求。AI根据季节性需求、员工可用性和预期增长推荐最佳的各部门员工配置，确保组织始终配备足够的人员。

5.支持员工参与和留任

AI可以帮助HR团队通过分析员工情绪、识别影响工作满意度的因素，并推荐改善整体员工体验的策略来提升员工参与度和留任率。AI工具可以监控来自调查、社交媒体和内部沟通平台的员工反馈，评估士气并识别潜在的留任风险。

AI工具分析员工调查反馈和内部沟通数据，识别员工情绪模式。AI标记出参与度下降的部门，并推荐干预措施，如额外培训、团队建设活动或工作量调整。

使用AI进行人力资源管理的原则

AI可以大大提升HR运营效率，但必须战略性且合伦理地使用。以下是利用AI进行人力资源管理的主要原则：

使用AI增强，而非取代人类判断

尽管AI可以自动化许多HR任务，但在人事决策（如招聘、晋升和员工发展）中，人类判断仍然至关重要。AI应与人类决策相辅相成，提供数据驱动的洞察，帮助HR专业人员做出更明智的选择。

确保AI驱动决策的透明性和公平性

AI驱动的HR工具必须透明且不存在偏见，以确保在招聘、晋升和薪酬等决策中的公平性。HR团队应定期审计AI工具，以确保其符合伦理标准，并且不会无意中基于性别、种族或年龄等因素进行歧视。

将AI与员工反馈系统相结合

AI可以提供员工绩效和参与度的有价值洞察，但应与定期的员工反馈系统结合使用，以确保全面了解员工的需求和关切。调查、一对一对话和同事反馈可以补充AI数据，提供对员工体验的整体视图。

确保符合数据隐私法规

人力资源管理中的AI工具通常处理敏感的员工数据，如绩效指标、薪酬详情和个人信息。因此，必须确保AI工具遵守数据隐私法规，并且员工数据得到安全存储和处理。

利用AI进行持续员工发展

AI工具可以为员工提供个性化的学习路径和发展机会，帮助他们获得新技能并在职业生涯中取得进展。HR团队应使用AI识别技能差距，推荐培训课程，并制订个性化的职业发展计划，以符合员工的职业愿景和组织目标。

客户服务与支持

客户服务与支持是业务运营的重要组成部分，直接影响客户满意度、保留率和品牌忠诚度。随着人们对快速、高效和个性化的服务的需求不断增加，AI驱动的工具正在改变企业处理客户互动的方式。AI可以自动化日常任务，提供实时帮助，个性化响应并改善整体客户体验。通过利用AI，企业能够处理更高数量的查询，缩短响应时间，并确保跨所有渠道提供一致且高质量的服务。

AI在客户服务与支持中非常有效，因为它能够快速处理大量数据、自动化重复性任务并即时回应客户查询。像聊天机器人、虚拟助理和自然语言处理（NLP）系统这样的AI工具可以提高支持团队的效率，减少响应时间，并实时为客户提供个性化的解决方案。

以下是在客户服务工作中利用AI的几种具体方式。

1.使用AI驱动的聊天机器人自动处理客户查询

AI驱动的聊天机器人是客户服务中最常用的工具之一。这些机器人可以处理简单和重复的客户查询，如回答常见问题、查询订单状态和处理退货。聊天机器人使用自然语言处理系统来理解和响应客户的查询，以对话的方式进行互动，从而让人类代理可以专注于更复杂的问题。

比如，一家零售公司使用AI聊天机器人处理客户的订单追踪、退货和产品可用性查询。聊天机器人即时回答这些问题，使客户无须等待人工代表提供帮助。

2.使用AI虚拟助理提供实时帮助

AI虚拟助理通过为复杂的查询提供更高级的实时支持，将客户服务提升到一个新水平。AI虚拟助理可以帮助客户排除故障、提供个性化的产品推荐，并引导他们完成购买或预订服务等流程。虚拟助理使用AI算法分析客户数据并提供相关的实时解决方案。

比如，一家在线银行服务部署了一个AI虚拟助理，帮助客户重置密码、报告丢失的卡片或查看最近的交易记录。虚拟助理提供实时的分步指导，确保客户获得顺利且安全的体验。

3.使用AI个性化客户支持

AI工具可以分析客户数据，提供个性化的支持，根据每个客户的偏好、行为和与公司的互动历史量身定制服务。这种个性化服务通过确保响应相关且及时来提高客户满意度。AI 系统可以识别回头客，访问他们的过去互动，并根据先前的购买或查询量身定制响应。

比如在电子商务领域，AI 驱动的客户服务系统识别出一家电子商务网站的回头客，并根据其过去的购买记录提供个性化的产品推荐。AI 还检索客户以前的支持请求，提供与其历史和偏好一致的解决方案。

又比如一家旅游公司使用 AI 工具根据预订历史来个性化客户服务互动。当客户查询度假套餐时，AI 根据客户过去的旅行和兴趣推荐目的地和优惠。

4. 使用 AI 优化支持团队的工作流程

AI 可以通过自动化票务路由、优先处理查询以及根据紧急程度和复杂性对问题进行分类来简化客户支持工作流程。AI 驱动的系统可以评估客户消息的内容，确定问题的性质，并自动分配给最合适的支持代理。这缩短了响应时间，并确保每个查询都由最合适的团队成员处理。

比如，一家软件公司使用 AI 时根据严重性对客户支持请求进行分类。服务中断等关键问题被标记为高优先级并分配给资深工程师，而例行请求则由初级支持人员处理。这有助于公司更快地解决紧急问题，并提高整体响应时间。

5. 通过 AI 驱动的洞察提升客户满意度

AI 工具可以分析客户互动和反馈，提供有关如何改进客户服务流程的宝贵洞察。通过分析客户投诉、查询和满意度调查中的模式，AI 系统可以识别客户常见痛点并推荐更改建议以增强客户体验。AI 还可以实时监控客户情绪，使公司能够立即解决负面反馈。

比如，一家酒店使用AI分析客户入住后的反馈。AI识别出关于房间清洁度的反复问题，并建议调整清洁服务协议。公司实施了这些更改，客户满意度评分得到提高。

使用AI进行客户服务和支持的原则

AI可以显著提升客户服务运营效率，但要最大化其效果，必须战略性地实施。以下是利用AI进行客户服务和支持的基本原则：

将AI作为人类代理的补充

AI工具应该补充而不是替代客户服务中的人工代表。虽然AI可以处理常规任务和查询，但复杂或情感敏感的问题仍需要人工介入。公司应使用AI处理简单的互动，同时为客户提供将更复杂的问题升级为人工代表处理的选项。

确保AI系统持续学习

AI系统需要不断更新和接受培训，以处理新类型的查询、应对客户行为的变化以及更新产品或服务。通过使用机器学习算法，AI系统可以从每次互动中学习，并随着时间的推移改进其响应。定期更新确保AI对当前的客户需求保持准确和相关性。

使用AI个性化客户互动

为了最大限度地提高客户满意度，AI工具应用于个性化客户互动。通过分析购买历史、浏览行为和过去的互动，AI可以为每个客户量身定制响应，提供相关的解决方案和推荐。

为客户提供无缝升级选项

虽然AI在处理简单查询方面非常有效，但确保客户能够轻松将更复杂的问题升级为人工代表处理同样重要。AI工具应被编程识别何时查询超出其能力范围，并无缝地将客户转移给人工代表，而不会引起挫败感。

监控客户反馈并持续改进AI系统

客户反馈对于改进AI驱动的客户服务工具至关重要。通过收集客户互动的反馈并监控满意度水平，公司可以确定AI工具需要改进的领域。持续的反馈回路确保AI系统得到更新，以更好地满足客户需求和期望。

项目管理与协调

项目管理与协调对于任何计划的成功都至关重要，确保任务按时、按预算和符合规格完成。AI驱动的工具已彻底改变了企业进行项目管理的方式，提供了任务跟踪、资源分配、风险管理和团队协作的自动化解决方案。通过利用AI，项目经理能够优化工作流程，改善团队之间的沟通，并在整个项目生命周期内增强决策能力。

AI在项目管理中的高效性体现在其能够快速处理大量数据、自动化重复任务并提供帮助团队保持正轨的预测性洞察。AI驱动的工具使项目经理能够做出数据驱动的决策，识别潜在风险，并通过分布式团队实现顺畅沟通。

以下是在项目管理与协调工作中利用AI的几种具体方式。

1.自动化任务调度与优先排序

AI工具可以自动调度任务，将其分配给团队成员，并根据紧急性、截止日期和资源可用性对活动进行优先排序。AI算法能够分析项目范围、团队能力和截止日期，创建一个优化的项目日程，确保任务按时完成。

比如，一家建筑公司使用AI为建筑项目调度任务。AI系统考虑了材料、分包商和设备的可用性，并动态调整日程，尽量减少延误，确保项目保持在正轨上。

2.优化资源分配

AI可以帮助项目经理通过分析资源的可用性、技能和历史表现来优化资源分配。AI驱动的工具可以建议项目经理如何最佳分配资源到不同的任务，确保每个团队成员高效工作，同时使项目保持在预算范围内。

比如，一家营销机构使用AI在多个客户项目中分配资源。AI工具跟踪创意和客户团队的工作负荷，并根据团队成员的容量和专业知识分配任务，确保所有项目按时完成。

3.增强风险管理与预测分析

AI在项目管理中的风险管理方面大有帮助，它能够早期识别潜在风险，并通过预测分析预防问题影响项目进度。AI工具可以分析历史项目数据、行业趋势和实时项目进展，检测可能引发延误、预算超支或资源短缺的模式。AI还可以推荐减轻这些风险的策略。

比如，一个软件开发团队使用AI跟踪项目进展并预测交付可能的延迟。AI识别出在项目的某些阶段任务完成较慢的模式，并建议为这些区域分配额外资源以保持项目在正轨上。

4.改善团队协作与沟通

AI驱动的工具能够通过提供实时更新、自动任务分配和简化信息共享来增强团队成员之间的协作与沟通。AI还可以与消息平台、电子邮件和项目管理工具集成，确保每个人都了解项目进度、即将到来的截止日期以及项目计划的任何更改。

比如，一个全球工程团队使用AI协调跨时区的项目，并更有效地管理沟通。AI平台提供每日状态更新，标记需要关注的关键任务，并根据团队成员的可用性分配后续任务，确保尽管地理位置不同，协作依然顺畅。

5.精简项目报告与文档管理

AI工具能够自动生成项目报告和文档，减轻项目经理的行政负担。AI驱动的系统可以生成实时报告，跟踪关键绩效指标、项目里程碑、预算支出和资源利用率。这些报告可以根据不同利益相关方的需求进行定制，确保每个人都能及时了解项目的进展情况。

比如，一家软件公司使用AI生成其产品开发项目的实时报告。AI工具跟踪里程碑、预算支出和任务完成率，为项目经理和高管提供项目状态的综合视图。

使用AI进行项目管理与协调的原则

尽管AI可以显著改进项目管理流程，但应结合人类专业知识确保成功的结果。以下是利用AI进行项目管理与协调的几项原则。

使用AI补充人类判断

AI可以自动化项目管理的许多方面，但人类判断在进行战略决策时仍然至关重要，尤其是在任务优先排序、资源管理和应对复杂项目挑战时。项目经理应使用AI生成的洞察来支持决策，但应依赖其经验和对项目的理解来指导整体战略。

定期监控与调整 AI 生成的计划

应定期监控 AI 生成的项目计划并在必要时进行调整。虽然 AI 可以基于历史数据做出准确预测，但现实条件可能会发生不可预见的变化，需调整项目时间表或资源分配。项目经理应定期审查 AI 生成的计划，并根据实时项目更新和不断变化的业务需求进行调整。

确保团队之间的透明度与沟通

AI 工具应增强项目团队之间的沟通与协作。项目经理应确保所有团队成员都能访问 AI 生成的洞察、更新和报告。透明的沟通有助于防止误解，确保每个人都与项目目标和时间表保持一致。

将 AI 集成到现有的项目管理工具中

AI 应与现有的项目管理工具和系统集成，以确保无缝的工作流程和协调。项目经理应利用 AI 来增强当前的流程，而不是完全取代它们。通过将 AI 集成到如 Asana、Trello 或 Microsoft Project 等流行的项目管理平台中，团队可以在不破坏既定工作流程的情况下提高效率。

利用 AI 实现持续学习与改进

AI 系统从历史项目数据和实时绩效指标中学习，使其随着时间的推移不断改进。项目经理应利用 AI 从过去的项目中获取洞察，并将这些洞察用于改进未来的项目计划、风险管理和资源分配。

提升篇

AI时代的自我提升

这一轮"AI化"势不可当

传统行业的转型

随着 AI 的快速发展，它正在迅速改变全球劳动力格局，重塑各行业的传统职业。AI 在自动化日常任务、增强决策能力和创造新的工作方式方面不断进步，这一转型为各个领域的专业人士带来了机遇和挑战。虽然 AI 能够提升生产力和效率，但它也要求专业人士开发新的技能并适应技术进步的节奏。了解 AI 如何改变传统职业对我们来说至关重要，这有助于我们为未来做好职业规划，并在不断变化的就业市场中保持竞争力。

AI 在自动化重复性日常任务方面的能力是其转型传统职业的最显著方式之一。在许多行业中，曾经需要人工完成的任务，如数据录入、日程安排和基本客户服务，如今可以通过 AI 系统自动化。这使得员工能够将精力集中在更复杂的增值活动上，如解决问题、创造性思维和战略规划。

随着 AI 将要成为职场的标准配置，就业市场正在被深刻改变。传统的职位描述正在演变，许多岗位要求既具备特定的技术能力，又具备行业相关的知识。例如，今天的市场营销专员可能还需要具备数据分析技能，以理解消费者行为并优化推广活动。这种传统技能和技术技能的融合正在改变职业发展路径，使适应力和持续学习能力成为长期成功的关键。

这也意味着，求职者正面临着一个更具动态性和灵活性的市场。过去人们往往在一个职业中工作数十年，如今则越来越普遍地在不同角色和行业间转换，将自己的技能以新的方式应用。适应新工具并发展可转移技能的能力前所未有地重要，使得终身学习成为 AI 时代职业成长的核心要素。

我们先看一下在一些主要的传统行业里，这一轮人工智能带来了什么样的影响。

制造业：自动化生产线与智能制造

在制造业，AI 彻底改变了生产线，引入了能够快速高效完成复杂任务的自动化系统。被称为智能制造的这些 AI 驱动系统利用传感器、数据分析和机器学习技术可优化生产、减少浪费。AI 可以在设备故障发生前进行预测，进行预防性维护，从而最大限度地减少停机时间。这种高效性节省了成本，减少了错误，使产品质量更高，生产速度更快。

虽然制造业中的自动化减少了传统装配线工人的需求，但也创造了大量管理、编程和维护这些自动化系统的新角色。工程、数据分析和机器人学背景的员工在这个领域非常抢手。制造业清楚地展示了 AI 不仅替代了某些岗位，还为具有专业知识的员工提供了更高技术要求的工作机会。

服务业: 智能客服和个性化支持

在服务行业, AI工具在客户关系管理中发挥着重要作用。从回答基础问题的聊天机器人到提供个性化推荐的虚拟助手, AI正在改变公司与客户的互动方式。这些工具在零售、酒店和银行等需要及时、准确回应的行业中尤为重要。

智能客服平台能够处理日常咨询, 使人工客服专注于更复杂、更高价值的互动。这种转变意味着客服角色正在进化; 这些岗位不再是简单的任务处理, 而是更多地涉及提供个性化支持和解决独特问题。能够有效利用AI工具并在与AI的合作中提供人性化服务的客服专业人员在服务行业中正变得不可或缺。

医疗行业: 智能诊断与医学数据分析

在医疗行业, AI已经开始通过分析医学数据来协助医生和护士提供准确、及时的诊断。AI可以分析患者数据、识别模式并检测疾病的早期迹象, 从而加快诊断流程并提高准确性。例如, 放射学中的AI技术可以帮助识别医学影像中的潜在健康问题, 早期干预从而挽救生命。

此外, AI还支持医疗专业人员进行数据驱动的治疗决策。通过分析大量的临床研究数据和患者记录, AI可以推荐个性化的治疗方案, 改善患者的治疗效果。虽然AI无法替代医生, 但它为他们提供了强大的工具来增强患者护理。具有医疗信息学和数据分析技能的专业人员在弥合临床专业知识和AI解决方案之间的差距方面越来越受到重视。

教育行业：在线学习与个性化教育

在教育领域，AI 为个性化学习开辟了新的路径，为学生提供能适应其学习进度和风格的定制化资源。在线平台如智能辅导系统如今可以评估学生的学习进展并提供个性化反馈，使学习过程更高效、更具吸引力。这一能力在数学、科学和语言学习等学科中尤为有用，AI 能够识别学生的薄弱环节并相应调整内容。

AI 驱动的教育工具在课堂中也日益普及，使教师能够实时监控学生表现，关注学生需要额外帮助的领域。AI 并非要取代教师，而是通过接管如批改作业、考勤等日常任务来帮助教师，使他们可以更专注于提供有意义的学习体验。能够将这些 AI 工具纳入教学策略的教师，不仅能更好地助力学生学习，也增强了自身的教学能力。

金融行业：风险管理与机器人投资顾问

在金融领域，AI 在风险管理、大量金融数据分析和自动化建议方面不可或缺。银行和投资公司利用 AI 算法检测可疑活动、防止欺诈并评估信用风险，确保金融交易的安全性与可靠性。借助 AI，复杂的金融评估能够更快速且精确地完成，为机构和客户提供保护。

机器人投资顾问是金融领域的另一种 AI 驱动的解决方案，正在改变人们的投资方式。这些数字平台通过分析金融数据为用户提供个性化投资建议，让没有深厚金融市场知识的人也能更轻松地管理自己的财务。这种方法拓宽了投资的受众范围，而那些了解如何运用这些技术的金融专业人士也越来越受欢迎。当今的金融顾问既受益于传统金融知识，也因掌握最新的 AI 工具而更具优势，能够为客户提供最佳服务。

新兴职业的出现

AI的崛起不仅正在改变传统职业,还催生了许多以前不存在的新职业。随着AI技术的不断进步,各个行业都在发展,以适应专注于开发、管理和优化AI系统的专业角色。这些新兴职业需要技术专长、解决问题的能力以及创造力的结合。了解AI驱动世界中的职业机会对那些希望在竞争激烈的市场中保持领先、探索职业成长潜力的专业人士至关重要。

由AI推动的新职业的出现为希望在AI时代促进职业发展的专业人士提供了激动人心的机会。从AI开发和数据科学到伦理、政策和人机协作,AI相关领域对技能专业人士的需求正在迅速增长。虽然这些角色需要技术专长与领域知识的结合,但它们提供了巨大的职业成长潜力。

下面我们简单为读者介绍几种未来大概率会出现的新职业角色。

1. AI开发与工程类角色

随着AI在各行业的扩展,设计、构建和维护AI系统的专业人员需求日益增长。这些角色对于开发AI算法、机器学习模型和神经网络至关重要,而这些技术推动了智能应用程序的发展。AI开发与工程角色需要在编程、数学和机器学习等领域具备强大的技术能力。

机器学习工程师

机器学习工程师负责创建使机器能够从数据中学习并随时间推移改进其性能的算法和模型。他们与数据科学家密切合作,设计能够处理大量数据、识别模式并根据生成的见解做出决策的系统。这些专业人士处于 AI 创新的前沿，开发出从推荐引擎到自动驾驶汽车等应用背后的核心模型。

AI 研究人员

AI 研究人员专注于推进 AI 技术的理论和实践方面的研究。他们在学术机构、研究实验室和科技公司工作，推动 AI 技术的边界。他们探索深度学习、自然语言处理、计算机视觉和强化学习等领域，为解决复杂问题的 AI 系统开发做出贡献。

AI 软件开发人员

AI 软件开发人员设计和实现能够执行特定任务的 AI 应用程序，例如图像识别、语言翻译或数据分析。他们构建将 AI 模型集成到用户友好型应用程序中的软件产品，使企业和消费者能够轻松使用 AI 技术。AI 软件开发人员通常与数据科学家和机器学习工程师合作，将 AI 解决方案推向现实。

2. 数据科学与分析类角色

AI 系统严重依赖数据，因此数据科学与分析类角色对于 AI 技术的成功实施至关重要。这些角色专注于收集、组织和分析用于训练 AI 模型的大型数据集，并确保 AI 模型能够有效执行其任务。数据科学和分析领域的专业人士需要具备统计分析、数据挖掘和编程方面的强大技能。

数据科学家

数据科学家负责从大型数据集中提取洞察，帮助组织做出数据驱动的决策。在 AI 背景下，数据科学家从事训练机器学习模型、进行探索性数据分析并识别 AI 系统可以利用的趋势。他们在开发能够帮助企业优化运营和改善客户体验的预测模型方面发挥了关键作用。

数据工程师

数据工程师负责设计、构建和维护支持数据收集、存储和处理的基础设施。他们确保 AI 系统能够访问高质量、组织良好和清洁的数据，这对于训练准确的机器学习模型至关重要。数据工程师与数据科学家和 AI 开发人员密切合作，以简化数据工作流并优化 AI 系统的性能。

数据分析师

数据分析师处理结构化数据，生成报告、仪表板，并使其可视化，帮助组织了解其绩效并发现改进机会。虽然数据分析师可能不会直接构建 AI 模型，但他们提供的洞察力可以为 AI 技术的发展和应用提供信息支持。

3. AI 伦理与政策类角色

随着 AI 越来越多地融入社会，对能够处理 AI 技术伦理和政策影响的专业人士的需求也在增长。这些角色专注于确保 AI 的开发和部署是负责任的，关注隐私、公平性、透明度和问责制等问题。AI 伦理与政策专业人士在公共和私营部门工作，制定框架和指导方针，以确保 AI 的伦理使用。

AI 伦理学家

AI 伦理学家负责评估 AI 系统的伦理影响，并确保其符合社会价值和原则。他们致力于减轻 AI 算法中的偏见，保护用户隐私，并确保 AI 技术以造福社会的方式使用。AI 伦理学家通常与 AI 开发人员、政策制定者和法律专业人士合作，制定伦理指南和最佳实践。

AI 政策顾问

AI 政策顾问与政府、企业和国际组织合作，制定监管 AI 技术使用的政策。他们确保 AI 系统负责任地使用，并符合法律和监管框架。AI 政策顾问关注数据隐私、算法透明度以及 AI 对就业和经济的影响等问题。

AI 法律与合规专家

AI 法律与合规专家专注于确保 AI 技术符合法律要求和行业标准。这些专业人士负责应对围绕 AI 的复杂法律问题，包括知识产权、责任、数据隐私和消费者保护等问题。AI 法律专家通常与开发人员和伦理学家合作，确保 AI 产品符合当地和国际法律。

4. 人机协作与混合角色

随着 AI 系统的普及，新的混合角色正在涌现，这些角色要求专业人士与 AI 技术协作工作。这些角色将人类专业知识与 AI 能力相结合，使他们能够管理、监督和优化 AI 系统，同时应用他们的领域知识。混合角色在医疗、金融、营销和 IT 等行业变得越来越普遍。

AI 辅助的客户服务代表

在客户服务中，混合角色正在涌现，人工服务人员使用 AI 工具增强其响应客户查询的能力。AI 可以处理常规问题，而人工代表则处理更复杂的问题。这些角色要求专业人士管理 AI 聊天机器人，监督客户互动并确保无缝的客户体验。

AI驱动的营销分析师

在营销领域，AI工具越来越多地用于分析客户行为、预测趋势并个性化广告活动。AI驱动的营销分析师结合传统的营销专长和AI驱动的工具，创建数据驱动的策略。这些混合角色要求专业人士解释AI生成的见解，并将其应用于创造性的营销活动中。

AI增强的医疗提供者

在医疗领域，AI增强的角色正在涌现，医生和护士使用AI驱动的诊断工具、预测分析和决策支持系统来改善患者护理。AI可以根据医学影像分析病情、给出治疗计划，但医疗专业人员负责解释AI生成的见解并做出临床决策。

应对职业不确定性的策略

随着AI对各行业的变革和工作角色的重塑，许多工人正在应对职业不确定性。快速的技术变革带来了机遇和挑战，使得专业人士必须采取策略来应对这一不断变化的环境。尽管有些人担心AI自动化可能导致工作流失，但也有许多人意识到通过提升技能、适应新变化在AI驱动的世界中取得成功的潜力。提升数字素养、培养韧性、拥抱终身学习并了解未来趋势是应对AI时代职业不确定性的关键策略。

提升数字素养

数字素养是适应AI驱动世界的基础。具备数字素养意味着了解数字工具的工作原理，知道如何保护个人数据，并有信心与新技术互动。尽管并非所有人都需要技术专长，但对数字平台、软件应用和 AI 原理的基本了解对保持竞争力至关重要。

提升数字素养可以通过探索在线资源、试用 AI 应用并关注技术趋势来实现。对于初学者，免费在线课程或教程可以提供从数字平台基础到 AI 伦理等主题的入门知识。这些基础知识帮助个人在专业和个人环境中做出明智的 AI 选择。

理解 AI 的基本原理

理解 AI 的基本原理，如算法的工作方式和 AI 的效力来源，是适应技术变革的重要一步。对于非技术背景的人来说，关注概念而非代码会更有效。例如，了解机器学习模型、神经网络或数据分析可以帮助理解 AI 系统的运作方式。

书籍（如本书）、播客和在线文章是学习 AI 基础知识的便捷途径。理解 AI 的基本原理不仅能使这项技术不再神秘，还能帮助个人更有效地使用 AI，无论是用于职业发展还是日常任务。

掌握基础技术技能

对于有兴趣深入了解的人，掌握数据分析或学习编程语言等基础技术技能将大有裨益。Python 是一种易学的编程语言，尤其适合数据分析和 AI 开发相关任务。在线课程提供了 Python、数据可视化甚至简单机器学习技术的入门知识，帮助人们理解 AI 工具的幕后运作。

即便只是基础知识，也能在许多领域带来显著优势。例如，具备数据分析技能的市场营销人员可以更好地解读客户数据，打造有针对性的营销活动。掌握这些技能不仅能开拓职业机会，还能帮助个人适应日益技术驱动的环境。

构建可转移技能

为了有效应对AI带来的不确定性，专业人士应专注于发展可转移的技能——这些技能在广泛的行业和工作角色中都具有价值。这些技能不易被AI自动化，并且在劳动力不断发展的过程中仍将是需求旺盛的。可转移技能包括沟通、批判性思维、创造力、情商和领导力等。

加强沟通与协作能力

AI系统在处理数据和执行常规任务方面表现出色，但像沟通和协作这样的人类技能对于任何角色的成功仍然至关重要。加强这些人际交往能力使专业人士能够与他人有效合作，管理团队并向多样化的受众传达复杂的想法。

发展批判性思维与解决问题的能力

虽然AI擅长处理数据和执行计算，但人类的批判性思维和解决问题的能力对于应对不确定的情况、做出战略决策以及解决AI无法单独应对的复杂挑战至关重要。发展这些技能确保专业人士在需要细致判断和创新解决方案的角色中继续增加价值。

培养情商

情商（EQ）在AI驱动的劳动力中越来越被视为一项关键技能。虽然AI可以自动化技术任务，但它缺乏理解和回应人类情感的能力。培养情商使专业人士能够建立更强的关系，管理冲突并有效领导团队——这些技能对于涉及客户服务、管理和领导力的角色至关重要。

培养跨学科学习能力

AI 在不同领域的交叉中获得长足发展，因此跨学科学习能力尤为宝贵。能够将不同领域的知识，如商学和技术、艺术和数据科学等融会贯通的专业人士，能够更好地创新并解决复杂问题。例如，一名具备 AI 知识的产品设计师能够创造以用户为中心的技术，将创意与实用性相结合。

培养跨学科学习能力可以通过学习本专业以外的课程、参与多元化项目或加入行业论坛来实现。这种方法使个人成为多技能专业人士，能够在协作且 AI 增强的职场中蓬勃发展。

培养创新思维与问题解决能力

在 AI 处理大部分常规工作的世界中，创新和问题解决能力成为人类的重要资产。AI 可以辅助信息收集和分析，但人类在生成创意和解决不可预测的问题方面依然擅长。培养这些能力需要实践、开放的态度以及从不同角度看待问题的思维。

可以通过头脑风暴会、协作项目以及接触不同领域和视角来提升创新思维和解决问题的能力。采用成长型思维并不断学习也有助于鼓励创新，使个人在 AI 驱动的环境中成为灵活且有价值的贡献者。

调整心态和心理准备

AI 时代的特征是快速变化，保持积极和灵活的心态至关重要。拥抱变化和技术能够减少对失业的恐惧，要积极主动使用 AI 工具。这一心态转变包括认识到 AI 对职业的益处，并将其视为资源而非竞争对手。

心理上准备好持续学习也至关重要。由于AI的发展不会停滞，致力于个人成长将使人保持相关性。心理上准备好为持续的学习旅程奠定了基础，使AI的发展成为机遇之路而非焦虑之源。

保持对新机会的适应性

在快速变化的就业市场中，适应性是应对职业不确定性的最重要特质之一。随着AI重塑行业，新工作角色将出现，现有角色可能会被重新定义。保持适应性使专业人士能够转向新机会，探索不同的职业路径，并拥抱工作性质的变化。

探索新的职业路径

AI正在创造全新的职业，如AI培训师、机器学习工程师和AI伦理学家。那些保持适应性的专业人士可以探索这些新兴领域，转型为与其技能和兴趣相符的角色。在职业规划中保持灵活性使个人能够转向具有长期增长潜力和相关性的角色。

对跨行业机会保持开放

许多AI驱动的角色不限于某一行业。通过对跨行业机会保持开放态度，专业人士可以将技能应用于新行业，并拓展职业视野。例如，数据分析、AI开发或数字营销等技能在医疗、金融、零售和制造等不同行业中都具有价值。

在AI时代，应对职业不确定性需要韧性、适应性和对终身学习的承诺。通过将AI视为助力工具而不是威胁，专业人士可以发展所需的技能和思维方式，在不断变化的就业市场中茁壮成长。构建可转移技能、培养情商以及探索跨行业机会将帮助个人保持竞争力并为未来的工作做好准备。

AI赋能的新机会

随着AI在各行业中的深入应用，创业者迎来了利用AI技术发现新商业模式的独特机遇。AI正在改变企业的运营方式、价值创造方式以及与客户的互动方式。能够识别出如何将AI融入产品、服务和运营中的创新方法的创业者，将在竞争中获得显著的优势。这一部分将探讨AI如何推动新商业模式的发现，创业者如何利用AI颠覆传统行业，以及AI驱动的创新如何重塑商业格局。

AI驱动的商业模式

AI正在从根本上改变企业的运作方式，推动新型AI驱动的商业模式。这些模式的特点是自动化、数据驱动的决策、个性化和可扩展性，所有这些都得益于AI技术的应用。创业者可以抓住这些趋势，创造更加灵活、高效、响应客户需求的企业。

基于订阅的商业模式与AI

AI推动的一个新兴商业模式是基于订阅的模式。AI帮助企业通过提供个性化推荐、内容或服务，以订阅方式为客户持续创造价值。在娱乐、电商和软件等行业，AI能够根据个人偏好定制产品和服务，优化客户参与度和留存率，这种模式越来越受欢迎。

比如一个流媒体平台使用 AI 算法，根据订阅者的观看或听取历史，推荐电影、音乐或电视节目。平台不断分析用户数据，提供个性化推荐，鼓励客户保持订阅。

AI 驱动的平台和市场

另一种变革性的 AI 驱动商业模式是创建 AI 驱动的平台和市场。这些平台使用 AI 将买家与卖家进行匹配、优化定价并简化交易。通过自动化核心功能并提供个性化体验，AI 驱动的市场可以快速扩展，并高效地为广泛的客户服务。

比如，一个房地产平台使用 AI 分析房产列表、市场趋势和客户偏好。AI 为买家提供个性化的房产推荐，并帮助卖家根据当前市场情况优化定价。

AI 即服务

AI 即服务（AIaaS）是最具潜力的 AI 驱动商业模式之一。这种模式使公司能够通过云平台访问先进的 AI 工具和功能，而无须自行投资构建 AI 基础设施。AIaaS 为企业提供 AI 驱动的分析、NLP、机器学习和其他工具，按需使用，这使得初创企业和小型企业能够轻松将 AI 整合到其运营中。

比如，一家医疗初创公司使用 AIaaS 访问可以分析患者数据并预测健康结果的机器学习算法。通过利用 AIaaS，初创公司可以专注于其核心能力，而无须在 AI 开发上投入大量资源。

一家零售公司使用 AIaaS 增强其客户服务，利用 AI 驱动的聊天机器人处理客户咨询、处理订单并提供个性化推荐，改善整体客户体验，同时不需要内部AI专业知识的显著投入。

利用AI颠覆传统行业

创业者可以利用AI颠覆传统行业，提供创新的产品和服务，解决现有痛点或创造全新的市场机会。AI的应用使得初创公司和小型企业能够与大型企业竞争，通过提供更高效、成本效益更高且可扩展的解决方案，占据市场份额。

要实现这一目标，首先需要深入研究目标行业，识别其中的痛点，分析效率低下、成本高昂或用户体验不佳的环节。同时，对市场上的主要竞争者进行分析，了解他们的优势与劣势，以找到突破的切入点。学习并掌握AI技术也是至关重要的，可以通过参加机器学习、深度学习和自然语言处理等相关课程来提升技术能力。此外，要研究成功利用AI转型的企业案例，借鉴他们的经验，为自己的创新之路提供指导。

组建一个跨领域的团队也是关键的一步。招聘数据科学家和AI工程师，确保有能力开发和维护AI系统；同时，引入对传统行业有深入了解的人员，保证AI解决方案符合行业需求。在此基础上，开发最小可行产品（Minimum Viable Product, MVP），利用开源工具和平台迅速构建产品原型，验证想法的可行性。邀请潜在用户试用MVP，收集反馈并进行改进，有助于产品的完善和市场适应性。

获取初始数据是AI项目成功的基础。通过公开数据源、合作伙伴或自行采集来获取训练AI模型所需的数据，并进行数据清洗与标注，确保数据质量。选择合适的 AI 工具和平台也能加快开发进程，或者使用开源框架，降低开发成本。

在产品开发的同时，需要制定商业化策略。确定是提供产品、服务还是平台，选择最适合的盈利方式；根据市场需求和价值主张，制定有竞争力的定价策略。筹集资金也是创业过程中不可或缺的一环，可以通过天使投资和风险投资，准备商业计划书和路演材料，吸引投资者的关注；同时，申请政府科技创新基金，参与行业孵化器和加速器项目，也是获取资金和资源的有效途径。

建立合作伙伴关系，加入行业协会，扩大人脉和资源，与供应商、渠道商或大型企业建立战略合作，共同推广 AI 解决方案。营销与推广方面，需要打造专业的品牌形象，通过官网、社交媒体和行业媒体提升知名度，发布白皮书、案例研究和博客文章，展示专业能力。同时，关注法规与伦理，确保 AI 应用符合数据隐私、安全和行业监管要求，建立 AI 伦理准则，避免偏见和歧视，增强用户信任。

持续迭代与创新也是保持竞争力的关键。建立用户反馈机制，不断改进产品和服务；紧跟 AI 技术发展趋势，及时更新和优化解决方案。例如，在物流行业，创业者可以开发基于 AI 的路线优化系统，帮助物流公司降低运输成本，提高配送效率。在农业领域，利用机器学习和物联网技术，创建智能农作物监测系统，实现精准农业，提升产量和品质。在教育行业，构建 AI 驱动的自适应学习平台，根据学生的表现动态调整教学内容，个性化提升学习效果。

总之，在 AI 时代，创业者颠覆传统行业的机会前所未有。关键在于深入理解行业需求，灵活运用 AI 技术，提供真正解决问题的创新方案。通过以上的努力，创业者可以有针对性地规划和实施创业项目，抓住时代机遇，实现事业成功。

创业过程中的挑战与应对

随着AI继续重塑各行各业和商业模式，创业者在将AI融入其业务时也面临着独特的挑战。虽然AI提供了巨大的创新、效率和规模化机会，但同时也带来了技术采用、人才获取、伦理问题和监管合规等方面的难题。理解这些挑战并制定有效的应对策略，对于创业者在AI驱动的市场中取得成功至关重要。

挑战 1：获取AI人才

获取并留住顶尖的AI人才是AI驱动初创企业面临的最大挑战之一。随着AI在各行各业中的重要性日益提高，对数据科学家、机器学习工程师和AI研究人员的争夺愈加激烈。初创公司通常难以与资源丰富的大型企业竞争，这些企业能够提供更高的薪酬、更多的资源和更好的发展机会。

应对措施：技能提升与合作伙伴关系

为了解决人才缺口，创业者可以通过提供AI和机器学习方面的培训与专业发展来提升现有员工的技能。这种方法有助于初创企业在内部培养专业人才，减少对外部人才的依赖。此外，创业者还可以与大学、AI研究机构或AI聚焦型公司建立战略合作伙伴关系，以获取人才并在AI项目上进行合作。

挑战 2：高昂的开发成本与有限的资源

开发 AI 模型并将 AI 系统整合到业务中可能非常昂贵，尤其是对于预算有限的初创公司而言。AI 技术通常需要对数据基础设施、计算能力和专用软件进行大量投资。此外，训练和微调 AI 模型的过程可能在时间和成本上都极为消耗资源。

应对措施1：利用AI即服务（AIaaS）

创业者可以通过利用 AI 即服务（AIaaS）平台解决高开发成本问题，该平台通过云端按需提供 AI 工具、算法和基础设施。AIaaS 平台消除了初创公司构建自身 AI 基础设施的需求，降低了前期成本，并允许创业者根据需要扩展其 AI 能力。

应对措施2：开源AI工具

除了 AIaaS，创业者还可以利用 TensorFlow、PyTorch 和 Scikit-learn 等开源 AI 工具和框架。这些工具为开发 AI 模型提供了具有成本效益的解决方案，且被全球的开发者和数据科学家广泛使用。开源工具可以使初创公司在不需要昂贵专有软件的情况下，进行 AI 技术的实验和应用。

挑战 3：数据质量与可用性

AI 系统在很大程度上依赖于大数据集才能有效运作。然而，数据质量和数据可用性可能是初创企业面临的主要障碍。许多情况下，训练 AI 模型所需的数据要么不可用，要么不完整，或者质量较低，导致企业难以构建准确且可靠的 AI 系统。此外，收集和管理大型数据集可能在资源和法律上存在挑战，尤其是当涉及敏感数据或个人信息时。

应对措施 1：建立数据合作伙伴关系

为了解决数据可用性问题，初创公司可以与其他公司、机构或组织建立数据合作伙伴关系，以获取相关的数据集。这些合作关系可以帮助创业者获取高质量的数据，使其能够更有效地训练 AI 模型。

应对措施 2：数据增强与合成数据

在真实数据稀缺的情况下，创业者可以使用数据增强技术或生成合成数据来补充现有数据集。数据增强通过修改现有数据来创建新的训练样本，而合成数据是模仿现实数据特征的人工生成数据。这两种方法可以帮助创业者在真实数据有限的情况下提升 AI 模型的质量。

挑战 4：伦理与监管问题

随着 AI 的普及，人们对伦理问题和合规性问题的关注也在增加。创业者必须确保其 AI 系统透明、公平且安全，尤其是在处理敏感数据或影响人们生活的决策（如医疗、金融、就业）时。未能解决这些问题可能导致声誉受损、法律挑战和客户信任丧失。

应对措施 1：AI 伦理框架

创业者可以通过采用 AI 伦理框架并确保其 AI 系统设计透明、公平且负责任来减轻伦理问题。这涉及解决 AI 算法中的潜在偏见、确保数据的道德收集和使用，并为用户提供清晰的解释，说明 AI 如何做出决策。通过建立包括伦理学家、法律专家和 AI 开发人员在内的跨学科团队，可以支持 AI 伦理开发。

应对措施 2：监管合规与数据隐私

创业者还必须应对涉及个人信息或敏感数据的 AI 系统的监管挑战。遵守数据隐私法规至关重要。初创公司应实施强有力的数据保护措施，定期进行安全审计，并确保其 AI 系统遵守所有相关的法律要求。

挑战 5：市场接受度与用户采纳

虽然 AI 提供了创新的解决方案，但赢得市场接受度并鼓励用户采纳可能是初创公司面临的挑战，尤其是在客户对 AI 技术信任度不高的行业。建立信任、引导用户并展示 AI 的价值对于促进采纳至关重要。

应对措施1：教育与透明度

创业者可以通过教育客户 AI 技术，并对 AI 系统的工作方式保持透明来建立信任。这包括提供有关 AI 的好处、数据使用方式和 AI 决策机制的清晰信息。保持透明度有助于揭开 AI 的神秘面纱，消除人们对其使用的担忧，促进更广泛的接受和采纳。

应对措施2：试点计划与逐步整合

为克服对 AI 的抵制，创业者可以提供试点计划或逐步将 AI 技术整合到现有工作流程中。试点计划使企业能够在受控环境下测试 AI 工具，在完全采纳前展示其有效性。逐步整合有助于用户熟悉 AI 系统，并建立对其能够提升业务运营能力的信心。

培养驾驭 AI 的人类素养

随着 AI 不断进化，工作场所正进入一个人机协作的新纪元。虽然 AI 擅长自动化常规任务、处理大量数据以及执行复杂计算，但在人类技能领域，某些方面仍不可替代，包括创造力、情商、批判性思维和伦理判断。要在 AI 驱动的工作环境中取得成功，关键在于充分利用人类的独特优势，并将这些优势与 AI 的能力相结合，从而实现协同合作。

创造力与创新：发挥人类的想象力

人类在创造力和创新方面具有显著优势。虽然 AI 可以分析模式、基于现有数据生成想法，甚至协助内容创作，但它缺乏人类特有的想象力。创造性问题解决、头脑风暴以及全新的理念开发需要 AI 无法复制的抽象思维能力。在许多行业中，如市场营销、设计和产品开发，人类的创造力仍不可或缺。

AI 辅助下的人类创造力

AI 可以通过提供生成想法、分析趋势和提出建议的工具，增强人类的创造力。然而，如何应用这些见解并开发超越 AI 能力的创新解决方案，仍取决于人类的创造性判断力。这种人机协作能够实现更快的迭代、更广泛的实验，并采用更多样化的方法来解决问题。

比如，一个营销团队使用 AI 工具来分析客户行为并生成内容创意。团队随后运用其创造性专业知识，将 AI 生成的想法精炼成与品牌信息一致并能吸引目标受众的营销活动。

一个产品设计团队使用 AI 根据市场趋势和客户反馈生成产品概念。团队再通过他们的创造性输入进一步开发产品的功能、设计和用户体验，确保该产品在市场中脱颖而出。

通过人类判断实现创新

虽然 AI 可以根据数据识别模式并提出新想法，但它缺乏承担风险和对未来做出判断的能力。人类创新者可以发现 AI 可能忽略的机会，并采取打破常规的方法。这种突破性思维，结合 AI 的分析能力，能够推动科技、医疗保健和金融等领域的重大创新。

比如，一家科技初创公司使用 AI 分析客户数据并识别市场中未被满足的需求。人类团队随后运用其直觉和行业知识，开发出满足这些需求的新产品，以 AI 未能预测的方式实现市场突破。

一家医院的医疗研究团队使用 AI 处理大量数据集并确定潜在的新药候选物。人类研究人员再运用他们的科学专业知识和创造力，开发出结合 AI 见解但加入 AI 无法生成的新元素的治疗方案。

情商与共情：AI 驱动互动中的人性化关怀

虽然 AI 在处理数据和自动化任务方面表现出色，但它缺乏情商

（EQ）和共情能力——这些在涉及人际互动的角色（如客户服务、医疗保健和领导力）中至关重要。人类共情能力能够理解并回应他人的情感和需求，对于建立关系、解决冲突以及提供支持不可或缺。AI可以通过自动化某些流程来增强这些互动，但在人际交流中，始终需要人类提供AI无法替代的个性化关怀。

客户服务中的共情

在客户服务角色中，AI驱动的聊天机器人和虚拟助手可以处理常规查询和任务，但复杂或情感化的情况则需要人类客服提供共情回应。当客户处理敏感问题或寻求个性化解决方案时，人类客服的情商能够通过解决冲突、建立信任并创造积极的体验发挥关键作用。

比如，一个AI驱动的客户服务聊天机器人处理常规查询，如订单追踪和产品信息，而人类客服则处理更复杂或情感化的问题，如投诉或技术问题。人类客服通过共情和积极倾听提供个性化解决方案，创造了积极的客户体验。

一家医疗机构使用AI来管理预约调度和病人记录，但医生和护士负责与患者互动。医护人员通过共情理解患者的担忧，提供安慰和个性化的医疗服务，这是AI无法提供的。

领导力与团队管理

情商在领导力和团队管理角色中也至关重要。能够理解并管理自己的情绪，同时共情团队成员的领导者更能营造积极的工作环境，激励员工并应对组织挑战。虽然AI可以帮助决策和提高运营效率，但人类领导者仍需要为团队提供指导、支持和激励。

比如，一位经理使用 AI 驱动的项目管理工具来跟踪团队进展并识别潜在障碍，但依赖其情商为团队成员提供支持和鼓励，解决担忧，并确保协作和积极的团队文化。

一家公司使用 AI 分析员工绩效，但人类 HR 团队通过共情提供个性化的反馈，提供职业发展机会，并消除员工对工作角色或工作环境的任何担忧。

批判性思维与伦理判断：驾驭 AI 的局限性

AI 在处理数据和基于算法做出决策方面非常有效，但它缺乏在复杂或模糊情况下运用批判性思维和伦理判断的能力。而人类则能评估多种观点，考虑决策的广泛影响，并运用伦理推理确保 AI 系统的使用与社会价值观一致。在医疗、法律、金融和治理等领域，确保 AI 系统不带来意外后果并符合伦理要求时，人类的监督至关重要。

AI 决策中的人类监督

AI 系统可以通过提供数据驱动的见解来辅助决策，但人类需要解释这些见解，考虑伦理影响并做出最终决策。这种合作确保了 AI 用于增强人类决策而不是替代人类所带来的批判性思维和伦理考量。

比如，一家金融服务公司使用 AI 分析投资机会并评估市场风险。然而，人类顾问负责做出最终的投资决策，考虑伦理问题、客户偏好和长期财务目标。

一家医院使用 AI 辅助诊断决策，通过分析患者数据和病历提供建议。然而，医生负责审查 AI 生成的见解，应用他们的临床专业知识，并做出关于患者治疗方案的伦理决策。

伦理AI开发

随着 AI 日益融入社会，围绕其使用的伦理问题，如偏见、隐私和责任，变得越来越紧迫，需要人类监督确保 AI 系统的开发和部署符合伦理要求。这包括解决 AI 算法中的偏见问题，确保决策过程透明，并实施保护隐私和人权的措施。

比如，一家开发 AI 驱动招聘工具的科技公司实施人类监督，确保算法不会基于性别、种族或其他受保护特征引入偏见。公司定期审计其 AI 系统，并与法律和伦理专家合作，确保遵守反歧视法。

适应能力与问题解决：动态世界中的人类灵活性

在 AI 驱动的世界中，最重要的人类优势之一是适应能力。随着 AI 技术的不断发展，适应新工具、新工作流程和新角色的能力对职业成功至关重要。虽然 AI 擅长执行预定义任务，但人类在应对不确定性、解决非结构化问题以及应对变化时的灵活性显得尤为重要。在动态的商业环境中，人类的灵活性和问题解决能力对于克服挑战和推动创新至关重要。

随着 AI 接管常规任务，许多传统的工作角色正在演变，涵盖更多战略性和创造性的责任。能够适应这些变化并学习如何与 AI 协作的专业人士，将更有能力在职场中脱颖而出。这种适应能力包括持续学习新技能、尝试 AI 工具，并运用人类判断力来补充 AI 的能力。比如，一位 HR 专业人士适应 AI 驱动的招聘工具，学习如何使用该系统筛选候选人，同时仍然运用他们的专业知识来评估文化契合度并做出最终招聘决策。

此外，AI系统在解决具有明确参数的结构化问题时非常有效，但在非结构化情况下往往表现欠佳。而人类在此类场景中，擅长通过创造性思维、分析多个因素并借鉴经验来找到解决方案。在工程、医疗和研究等常见非结构化问题的行业中，人机协作尤为强大。

在人机协作的新纪元中，充分发挥人类的独特优势（如创造力、情商、批判性思维和适应能力）是最大限度利用AI工作潜力的关键。通过结合人类和AI的最佳能力，我们可以实现更大的创新、生产力和成功。

特别篇

从零到达人的
DeepSeek 完全指南

准备就绪——30分钟变身"DeepSeek 掌控者"

一键召唤你的DeepSeek伙伴

快速安装、简单配置,让DeepSeek和你"默契在线"

2步完成注册+登录

·打开DeepSeek官网(www.deepseek.com),点击"开始对话"按钮。

·输入你的手机号或邮箱,点击"发送验证码"。DeepSeek会向你的手机或邮箱发送验证码,复制验证码并粘贴,完成验证,也可以使用微信扫码登录。

主界面:像微信一样简单

登录后,你会进入DeepSeek的主界面,设计简洁,使用流畅。你只需在输入框中输入问题或任务要求,DeepSeek会自动帮助你完成任务。

例如,输入:"帮我写一份2025年度市场营销趋势分析报告,约1500字,重点分析社交媒体营销趋势。"DeepSeek会在几秒钟内根据你的需求生成一份完整的报告。

如果想要更详细或具体的内容，输入："写一份2025年度市场营销趋势分析报告，约1500字，主要分析社交媒体营销趋势，加入数据支持并提出未来的预测。"这样，DeepSeek会更精准地根据要求生成报告，确保内容完整、数据精准。

·**必做动作**：在输入框下方找到"深度思考"开关，点击后DeepSeek的回答会更详细、精准，效果立竿见影。

首次对话测试

在你熟悉了DeepSeek的基本功能后，我们来做一个测试。输入："帮我写一份关于提高职场效率的文章，约1000字，内容包括时间管理、团队协作、工作优先级等方面。"DeepSeek会根据这些具体要求生成结构完整、内容精准的文章。如果你想要文章更具指导性，可以进一步要求："增加具体的工作技巧，并提供实际应用的例子。"

小贴士

·**避免过于宽泛的要求**：在输入问题或任务要求时，尽量明确任务细节，比如字数、篇幅、具体内容等，帮助DeepSeek更好地理解并执行任务。例如，输入"帮我写一篇关于市场趋势的报告"比输入"写一篇报告"更具体，DeepSeek能更好地理解并提供精准结果。

·**细节优化**：如果第一次生成的内容不完全符合要求，可以在后续对话中补充细节，如添加具体的分析框架、实际案例等，帮助DeepSeek进一步优化结果。

DeepSeek控制台大揭秘

熟悉界面、了解功能，用最短的时间掌握核心操作

界面三要素

对话输入框：这是你与DeepSeek互动的核心区域。在这里，你可以输入任务、问题或需求。比如："请帮我提炼这份PDF文件中的市场趋势。"DeepSeek会帮助你提炼文件中体现市场趋势的内容。要想获得更精确的结果，可以输入："提炼这份PDF文件中的市场趋势，并添加具体数据支持。"这样，DeepSeek会根据你的需求提供精准的信息。

历史记录栏：点击"打开边栏"按钮，里面保存着你所有的对话记录，你可以随时回顾之前的内容。你也可以对之前的对话记录进行重命名或删除处理。

功能工具栏：这里提供了DeepSeek的各种功能，如文件上传、联网搜索等。你可以上传PDF或Word文件，DeepSeek可以自动分析文件中的内容。例如，上传2024年全球电动汽车市场分析报告，要求DeepSeek提取出市场规模数据。DeepSeek会帮助你提取报告中的关键信息。

常用功能一览

附件上传：你可以通过拖拽或点击"上传附件"（回形针图标）按钮，上传需要处理的附件。上传后，DeepSeek可以帮你分析附件中的内容。例如，上传PDF/Word文件后，输入："根据我刚上传的文件，帮我提炼出其中的市场趋势。"DeepSeek会自动分析并提炼出报告中

的核心趋势。

联网搜索：想要获取最新的信息，点击对话框下方的"联网搜索"按钮，输入："2025年全球电动汽车销售预测。"DeepSeek会实时抓取网络上的相关信息，并提供给你最新的市场数据。

·**检查联网搜索结果**：虽然DeepSeek会实时抓取网络信息，但信息的准确性和完整性可能受到网络内容更新的影响，因此，要对搜索结果进行适当的检查和验证。

通过这些简单的操作，你已经掌握了DeepSeek的基本功能。接下来，你可以根据自己的需求灵活使用这些工具，进一步提升工作效率。

初探对话——像跟朋友聊天一样跟 DeepSeek 沟通

说话的艺术：让 DeepSeek 读懂你

轻松掌握精准提问，让 DeepSeek 给出更优答案

DeepSeek 是一个非常聪明的 AI，但它的聪明程度和你与它沟通的方式直接相关。就像和朋友聊天一样，越简洁、清晰，DeepSeek 理解得越好，回答得就越准确。掌握一些小技巧，可以让 DeepSeek 更高效地为你服务。

明确你的需求

在提出请求时，尽量具体化你的要求，避免过于模糊的指令，确保 DeepSeek 能更好理解你的需求。

错误示例："帮我写一个报告。"

正确表述："帮我把这份报告梳理包装一下，我要写成月报给老板看，老板很看重数据。"

结构化提示词公式

我们可以使用"任务 + 对象 + 目标 + 顾虑"的结构公式，使问题表达更加清晰。

错误示例："我需要一份市场分析报告。"

正确表述："我要整理一份市场分析报告，供公司高层使用，希望能涵盖最近五年的行业趋势，但担心数据来源的权威性。"

此外，我们还可以使用"角色 + 背景 + 目标 + 格式"的公式。这种方法能够让 DeepSeek 更好地理解问题的背景和意图，从而提供更精准的回答。

错误示例："我需要撰写一份关于新能源汽车行业的研究报告。"

正确表述："作为一名市场分析师，我需要撰写关于新能源汽车行业的研究报告，希望涵盖市场趋势、竞争格局，并以图表形式呈现数据。"

让 DeepSeek "说人话"

当我们使用 DeepSeek 进行科研调研或学习新知识时，可以使用精准的提问，引导其用更加自然、易懂的语言进行解释。

错误示例："请解释一下量子纠缠。"

正确表述："请用通俗的语言解释量子纠缠，说人话。"

反向心理操控，让 DeepSeek 自省，激发深度思考

当需要深入探讨某个问题时，可以引导 DeepSeek 进行批判性思考，或者让它复盘自己的回答，从不同角度进行再审视。通过反向提

出质疑或设定挑战性任务，我们可以让DeepSeek提供更缜密、全面的答案。

错误示例："请重新生成你的回答。"

正确表述："我感觉你说得不对，请你重新检查结论，并提供不同解释。"

让DeepSeek进行模仿

DeepSeek不仅能总结和归纳信息，还可以模仿不同的写作风格或提出批判性的观点。例如，可以要求它模仿某篇文章的写作模式，或者模仿不同人的语气或风格分析问题，或者提供多角度评论，使答案更加多元化、深度化。

错误示例："写一篇关于现代年轻人焦虑的短文。"

正确表述："模仿鲁迅的风格，写一篇关于现代年轻人焦虑的短文，字数控制在1000字以内。"

五大"魔力指令"，开启对话新世界

掌握基础指令，像微信聊天一样"对话"DeepSeek

DeepSeek的基础指令集功能为用户提供了灵活、便捷的操作方式，让人工智能在各类任务中发挥最大的作用。无论是文本生成、问题解答还是复杂任务，DeepSeek都能根据用户需求进行智能化处理。

续写：当用户的输入或回答被中断时，DeepSeek能识别并自动继续生成剩余内容。无论是文章写作还是长篇回答，DeepSeek都能保证文本流畅衔接，让你不必担心断点，轻松获取完整信息。

简化：DeepSeek具备强大的语言简化能力，能够将复杂的学术内容、技术术语或者长篇描述转换成更易理解的语言，帮助你迅速抓住核心要点，不再被专业词汇困扰。

示例：对于编程学习者或有实际需求的用户，DeepSeek提供了丰富的实例和案例，帮助你通过实际操作来理解理论知识。特别是在编写代码时，DeepSeek能够提供多语言版本的代码示例，帮助你直接应用解决问题，并且可以进一步对代码进行优化与调整。

步骤：DeepSeek不仅能解释概念，还能按照任务需求分步骤地指导你完成某个操作。无论是"如何拍摄美食照片"，还是"如何搭建一个网站"，DeepSeek都能进行一步步指导，让你轻松掌握复杂操作的每个细节，确保每个环节都做到最好。

检查：DeepSeek能够在你编写文档、报告、论文或者代码时，帮助你检查文本中的错误。无论是语法错误、逻辑漏洞还是代码bug，DeepSeek都能智能识别并给出改进建议，确保文档和代码的高质量输出。

效率飞升——巧用DeepSeek搞定文件和复杂任务

五分钟挑战：把DeepSeek变成你的文档管家

让DeepSeek快速提炼、批注、分析文档，高效度爆表

DeepSeek不仅能帮你生成文案、回答问题，还能帮助你高效管理和处理各种文档。你只需要几个简单操作，就能让DeepSeek成为你的文档管家，帮你快速提炼、批注和分析文档内容。下面是你可以在五分钟内完成的挑战，轻松提升你的工作效率。

附件上传

在DeepSeek的控制台中，找到附件上传（"回形针"图标）的区域。你也可以直接拖拽PDF、Word文件到指定区域。DeepSeek支持大多数主流文件格式，包括PDF、Word、Excel等。

自动提炼关键信息

上传附件后，DeepSeek会自动识别附件内容，并给出文档的概要和重点信息。如果你上传的是合同文档，它会提取出合同的核心条款；

如果是报告，它会提取出主要数据和结论。

输入："提炼这份报告的核心内容，要求提炼出的内容简洁、清晰，能够快速传达报告的重点。"DeepSeek就会给你一个简洁的摘要，节省你浏览整个文档的时间，如果你想要让它给你一个表格，你可以补充"制成表格"。

批注与修改建议

如果你需要对文档进行修改或添加批注，DeepSeek也能帮助你轻松完成。

上传文档后，你只需要输入"请检查这份报告中的语法错误，帮助我改进拼写、语法和用词上的问题"，DeepSeek会自动在文档中指出可改进的地方，并给出修改建议。

对比分析与数据读取

DeepSeek可以比较同一文档中不同数据点的变化，如不同季度的销售数据；也可以对比不同文档中的策略和结论，帮助你识别差异和关键趋势。

例如，如果上传了多个报告，输入"对比这两份报告中的策略和结论，找出主要差异"，DeepSeek会帮助你对比它们的策略和数据，找出各自的优缺点，并生成简洁的对比分析结果。

同时，DeepSeek还能根据你的需求在报告中提取你想要的数据，例如，输入"从报告中整理出热量数据"。

· **确保文件格式正确**：上传附件时，确保附件格式为DeepSeek支持的格式（如PDF、Word、图片等），避免出现上传失败的情况。如果上传失败，可以检查附件大小或格式是否适配。

· **文档过于复杂**：如果文档结构复杂或者内容涉及大量专业术语，DeepSeek可能需要更多时间处理，可以尝试简化文档或分段上传。

在DeepSeek的协助下写代码

写个小程序，做个脚本，零基础也能"不费吹灰之力"

DeepSeek不仅能帮你管理文档，还可以成为你的编程小助手，帮助你完成一些简单的代码编写任务。无论你是编程小白还是有一定经验的开发者，DeepSeek都能帮你节省大量时间，让编程变得轻松简单。

快速生成代码模板

你可以告诉DeepSeek你需要什么样的代码模板。

输入："帮我写一个Python爬虫的代码模板，要求能够抓取某网站上的产品信息，包括产品名称、价格和描述，并说明如何根据不同网站进行修改，数据存储为CSV文件。"DeepSeek会立即为你提供一个基本的爬虫模板，帮助你快速上手。

错误调试与改进建议

如果你写了一段代码，但遇到错误，无须担心，DeepSeek可以帮助你找出问题所在并给出解决方案。

输入："我运行这段 Python 爬虫代码时遇到错误，报错信息显示'无法连接到服务器'。请帮我检查代码中的网络请求部分，分析可能的错误原因，并提供相应的解决方案。"DeepSeek 将根据你的代码提供调试意见，并给出修改建议。

优化代码结构

如果你觉得自己的代码写得不够简洁或高效，可以输入："请优化这段 Python 代码，使其更加简洁并提高执行效率。特别是需要优化的部分包括循环结构和数据处理部分，确保代码在大数据量时能够快速运行。"这样，DeepSeek 能够明确你希望优化的代码部分（循环结构和数据处理），并根据常见的编程优化技巧提供针对性的提升方案。

从零开始写代码

你是编程小白？没关系，DeepSeek 会一步步带你完成编程任务。从最基础的 "Hello World" 到稍微复杂一点的功能实现，你只需要告诉它你的需求，它会一步步帮助你完成编程任务。

小贴士

·代码复杂度：虽然 DeepSeek 可以帮助你生成和调试简单的代码，但对于非常复杂的开发任务，可能需要你提供更多的上下文和细节。尽量将问题简化，分步骤提问，确保 DeepSeek 能理解你的需求。

·调试时的反馈：当代码出错时，DeepSeek 会给出建议，但有时会涉及你自己的逻辑判断。DeepSeek的调试能力有限，必要时你还需自己进行进一步的排查。

场景实战——用DeepSeek搞定生活与工作难题

学术论文"保姆级"辅助

从选题到答辩，全流程伴随，让研究更轻松

DeepSeek不仅能提高工作效率，还能在学术研究中大显身手。无论你是写论文、准备答辩，还是需要参考资料，DeepSeek都能帮你节省大量时间和精力。下面是如何让DeepSeek成为你的"保姆级"学术助手，全面协助你完成论文的全过程。

选题灵感

如果你正在找研究方向，可以输入："帮我推荐5个适合毕业设计的且关于[具体领域]的论文选题，要求具备一定的创新性，但避免过于前沿；研究方法集中于仿真模拟实验；提供相关参考文献的查找关键词。"这样，DeepSeek将能根据这些信息为你提供更加精准的选题建议。

文献综述生成

如果你需要写文献综述，可以输入："帮我写一篇关于[某领域]的文献综述，请用表格对比各文献的研究方法，按'创新点/局限/可借鉴处'三列整理。"DeepSeek会自动查找相关的论文和资料，并帮助你生成一篇结构清晰、逻辑严密的综述。你甚至可以上传已阅读的论文，DeepSeek会提炼出关键信息并为你总结文献。

快速构建论文框架

当你需要一个论文框架时，输入："帮我生成一份关于[主题]的论文框架，涵盖研究步骤并确保论文结构有条理。"DeepSeek会为你自动生成一个符合学术要求的论文大纲，帮助你理清论文结构，确保每一部分内容都有明确的方向。

论文修改与润色

在你完成初稿后，DeepSeek可以帮助你进行修改和润色。

输入："请检查我的论文中的语法错误并优化表达。"DeepSeek会识别出拼写、语法错误等，并给出更简洁、更学术化的改进建议。

查重与降重

将你想要查重的段落上传给DeepSeek，输入："预测查重率并标出高风险的部分（用红色标记）。同时，识别可能存在的引用缺失，并推荐3篇相关的参考文献。最后，提供改写建议。"它会有所标记，并给出相应的改进建议。

·提供足够细节：为了让 DeepSeek 提供更精准的选题或文献综述建议，你需要提供具体的背景信息。例如，明确告知 DeepSeek 你研究的领域（如人工智能、环境科学等）、具体的兴趣方向（如 AI 在医疗中的应用、气候变化的社会影响等），以及你希望解决的具体问题或研究目标（如寻找数据隐私保护的最新技术、分析气候变化对农业的影响）。这样，DeepSeek 能更好地理解你的需求，并根据这些细节给出切合实际的建议。

自媒体速成：从零到百万粉丝

选题、排版、文案全指导，打造你的爆款创作

DeepSeek 能够帮助你在自媒体创作上快速起步，无论是选题、写作还是内容优化，DeepSeek 都能为你提供精准的建议和帮助。以下是如何通过 DeepSeek 来打造自媒体内容，吸引粉丝的具体操作步骤。

选题和内容创意

确定自媒体内容的选题是创作的第一步。DeepSeek 能根据你的目标读者群体，提供精准的选题建议。

输入："请给我提供 5 个具体的关于'如何提高职场沟通能力'的自媒体选题，要求选题具有实用性和吸引力，能够吸引职场新人的关注。"DeepSeek 会根据你提供的主题和目标群体，生成 5 个具体的选题，帮助你快速定位内容方向。

写作与排版

选题确定后，接下来是撰写内容。DeepSeek能够根据你的需求生成文章，确保内容结构清晰、逻辑严密。

输入："帮我写一篇关于'职场沟通技巧'的自媒体文章，要求字数控制在1000字以内；将文章改造成适合[自媒体]的排版，每段不超过3行；在关键地方加入emoji的符号。"DeepSeek会根据这个具体的要求生成一篇符合要求且结构完整的文章。

生成吸引眼球的标题

标题对于吸引读者至关重要，DeepSeek可以根据文章内容自动生成多个标题选项。

输入："为'职场沟通技巧'生成5个吸引眼球的标题，要求突出对痛点的解决；含有emoji符号；用数字量化。"DeepSeek会为你提供5个不同风格的标题供你选择，确保你的文章标题能够在众多标题中脱颖而出。

提高粉丝互动与参与度

发布后，你还可以利用DeepSeek来分析粉丝的互动情况，并提出优化建议。

输入："请分析我的自媒体账号的互动数据，给出针对'职场沟通技巧'主题的改进建议，特别是如何提高用户的参与度和互动率。"DeepSeek会帮助你分析当前内容的互动效果，提出有针对性的改进方案。

·**定期调整内容方向**：定期根据粉丝反馈和互动数据调整你的内容方向，DeepSeek 能提供基于数据的优化建议，帮助你持续吸引更多的粉丝。

学习规划大师

量身定制学习方案，攻克难点事半功倍

无论你是想提升职业技能，还是准备考试，DeepSeek 都能帮助你制定个性化的学习计划，并提供精准的学习辅导。下面是通过 DeepSeek 来高效学习、突破难点的具体操作方法。

量身定制学习计划

学习计划需要根据你的学习目标、时间安排和优先级来定制。

输入："我计划在接下来的 3 个月内学习 Python 编程，目标是能够独立编写中等难度的项目。请为我制定一份详细的学习计划，内容包括每日学习任务、每周重点内容、学习进度安排以及练习项目。"DeepSeek 会根据你的学习目标和时间框架，给出一个包含具体任务、学习资源和进度安排的学习计划。

攻克学习难点

在学习过程中，你难免会遇到各种难题，DeepSeek 能够帮助你解决这些问题。

输入："在学习Python时，我在'函数定义'部分遇到困难，特别是不太理解如何在函数中传递参数并返回值。请帮我详细解释，并提供代码示例，帮助我更好地理解。"DeepSeek会提供简明易懂的解释，并辅以示例，帮助你克服学习中的难点。

复习与巩固

学习不仅是掌握新知识，更重要的是定期复习和巩固。

输入："我想制定一个每周的Python复习计划，确保能巩固所学的知识，特别是函数、列表和字典这几部分的知识。请为我设计一个周期性复习计划，并安排每周的复习重点和自我测试。"DeepSeek会根据你的学习进度和知识点，制定每周的复习计划，确保你保持对所学内容的记忆。

知识点解析

如果在某些知识点上卡住了，DeepSeek可以帮你详细解析。

输入："请解释什么是'面向对象编程'，特别是它如何帮助提高代码的可维护性和可复用性。能否用Python语言举一个简单的类和对象的实例，帮助我更好理解？"DeepSeek会详细解释这个概念，并给出相关实例，帮助你更好理解和掌握。

错误分析

在学习编程的过程中，代码中的错误是不可避免的。DeepSeek可以帮助你分析并修复代码中的问题。

输入："我在写一个Python爬虫时遇到一个错误，程序无法正确抓取网页内容，错误提示是'IndexError: list index out of range'。请帮我分析这个错误，并给出解决方案。"DeepSeek会根据错误提示详细分析代码中的问题，并提供修复建议，比如检查列表索引是否越界，或者如何使用条件判断来避免这种错误。

在学习其他科目时，也可以将你的错题拍照上传，并输入："请解析错误根源，并推荐3道同类题作为强化练习。"

· 合理设置时间和目标：在制定学习计划时，确保目标是切合实际的。如果你只有一个月的时间，DeepSeek会根据你的时间框架制定一个紧凑的计划，避免设定过于宽泛或不切实际的目标。

· 细化学习难点：遇到问题时，不要提出模糊的问题，而要把学习难点细化。例如，提问时要明确是某个概念、函数还是算法，帮助DeepSeek提供更加精准的帮助。

全方位知识点突破

精准拆解概念，让掌握知识变得更"丝滑"

从学术概念到技能应用，DeepSeek都能帮助你高效掌握新的知识点并加深理解。无论你是学习新技能、攻克难点，还是扩展自己的知识面，DeepSeek都能为你提供精准的指导和帮助。

精准拆解概念

如果你在学习一门新的技术或理论时遇到难题，可以输入："请简洁明了地解释什么是'深度学习'，并举出当前各行业中的实际应用，特别是自动驾驶和语音识别的具体案例。"DeepSeek会以简单易懂的方式解释该概念，并通过实例让你更加清晰地理解其实际应用场景。

逐步加深难度

如果你对某一领域的知识有一定了解，但想要更深入地理解，可以输入："我已经掌握了Python的基本语法，现在希望学习面向对象编程。请列出面向对象编程的核心概念，并推荐一些适合初学者的学习资源和进阶内容。"DeepSeek会基于你的基础，提供面向对象编程的核心概念，并给出逐步学习的资源和方法。

知识点串联与框架搭建

学习某个领域的知识时，知识点往往是碎片化的，如何将这些零散的知识点串联成系统的框架是学习的关键。你可以输入："请帮我整理一份从基础到进阶的数据分析学习框架，内容包括数据清洗、数据可视化、统计分析、机器学习模型的应用及其评估。"DeepSeek会根据该领域的学习顺序，为你提供一个清晰的学习路径，帮助你将不同知识点进行有效串联，构建起完整的知识体系。

跨领域知识拓展

有时候，跨领域的知识拓展能给你带来更多灵感和视角。DeepSeek不仅可以帮助你深耕某个领域，还可以为你提供跨学科的知识拓展。比如，你可以输入："我正在学习人工智能，并且希望了解一些基础的心理学概念，能否提供一些适合初学者的书籍、课程和文章？"DeepSeek会为你推荐相关的学习资源或文章，帮助你拓宽知识面，实现跨学科的思维碰撞。

实时解答疑难问题

在学习过程中，任何时候你遇到不明白的地方，都可以直接问DeepSeek。比如，你正在学习经济学，遇到一个难懂的经济学模型，你可以输入："请详细解释'供给曲线'的含义，列出其主要影响因素，并帮助我理解供给曲线在经济学中的作用，尤其是在市场均衡中的体现。"DeepSeek会根据你提出的问题，快速给出详细解答，确保你对每个知识点都能够理解透彻。

·**明确问题焦点**：在提问时，要尽量明确问题的重点，避免过于宽泛。比如，直接问"什么是区块链"就不够具体，可以加入更多背景信息，提问方式更精准，效果更好。

·**分阶段学习**：对难度较高的知识点，可以分阶段提问，逐步加深理解，而不是一次性追求全部知识。这样，DeepSeek会根据你当前的学习进度提供最合适的答案。

用DeepSeek无限进阶——自我学习与成长

学习加速器：多元化场景应用

深度引导、知识推送，让成长看得见

DeepSeek不仅能帮助你高效完成工作，还能为你提供多元化的学习方案，帮助你在各个领域迅速积累知识，成为职场和生活中的全能型人才。

个性化学习方案

输入："我想学习人工智能，特别是机器学习和深度学习，请为我制定一个详细的学习计划，要求包含基础理论、实战项目和相关学习资源，并安排好学习进度，以便我能够在6个月内掌握基础理论并能够完成简单的AI项目。"DeepSeek会根据你提供的信息，生成一个个性化的学习计划，包括学习内容、时间安排以及推荐的学习资源。

专题学习引导

如果你对某个主题感兴趣，可以输入："请为我推荐一些适合初学者的关于'数据科学'的学习资料，包括书籍、在线课程和实践项目，重点是统计学基础、数据清洗和分析技巧。"DeepSeek 会根据你当前的学习水平，推荐合适的书籍、视频课程和实操项目，帮助你在特定领域深入学习。

学习效果跟踪与反馈

输入："请帮我评估我目前学习'Python 编程'的进度，特别是函数、列表、字典和面向对象编程部分，给出我是否掌握了这些概念，并提出改进建议，帮助我提升学习效率。"DeepSeek 会根据你当前的学习情况，给出进度评估和建议，帮助你调整学习方法，确保更高效的进步。

小贴士

·**设定实际可行的学习目标**：确保学习计划适合你当前的时间安排和学习进度，避免设定过于宏大或不现实的目标。

·**可以图表解析**：将学习过程中遇到困难的地方截图或拍照发给 DeepSeek，让它用图表的形式解析你的问题。

·**定期回顾学习进度**：通过 DeepSeek 提供的学习效果反馈，不断调整学习方法，以确保高效学习。

自我校正与复盘：DeepSeek里的"最强教练"

边学边改，持续优化，养成高效学习习惯

DeepSeek不仅能帮助你制定学习计划，它还可以作为你的"最强教练"，在学习过程中帮助你实时校正和复盘。无论你是在学习某项技能时遇到困惑，还是在完成任务后需要复盘总结，DeepSeek都会根据你的实际情况给予有效的指导。

实时反馈与校正

输入："我在学习'数据分析'时，遇到了'回归分析'部分的难点，尤其是在理解线性回归模型的假设、系数解读以及如何评估模型的好坏上有困惑。请帮我详细解释这些概念，并提供一个简单的实例和解决方案，帮助我更好地理解。"DeepSeek会实时为你提供详细的解析，并给出针对性建议，确保你在学习过程中不迷失。

复盘总结与提升

学习一段时间后，你可以输入："请根据我过去两个月学习'Python编程'的记录，特别是函数、列表、字典、面向对象编程和模块化编程方面，帮我做一个复盘总结。总结包括我已掌握的知识点、学习过程中遇到的挑战，并给出下一步学习建议，帮助我提升效率并填补知识空白。"DeepSeek会根据你的学习轨迹，帮你总结已学内容，评估学习效果，并提出更有针对性的学习方案。

·**反馈要及时**：不要等到学习完全停滞时再反馈。及时向 DeepSeek 求助，获得即时的指导和校正，避免在错误的道路上走得太远。

·**定期复盘**：定期对学习内容进行复盘总结，确保每一步的进展都符合预期，以便及时调整学习方法。

零基础编程入门

从"Hello World"到进阶项目，DeepSeek 陪你一步步"码起来"

DeepSeek 能够帮助你从零开始学习编程，提供个性化的学习方案、代码示例和实时反馈。无论你是完全没有编程经验，还是想系统学习某种编程语言，DeepSeek 都会为你提供详细的引导，帮助你轻松入门。

编程基础知识讲解

如果你完全是编程小白，可以输入："我从零开始学习 Python 编程，希望从基础语法讲起。请从变量、数据类型、运算符等基础概念开始，逐步引导我，并通过简单的代码示例帮助我加深理解。"DeepSeek 会从编程的基本概念开始讲解，如什么是变量、数据类型、运算符等基础知识，并辅以简单的代码示例，让你更容易理解。

实践驱动学习

为了让你更好地掌握编程，DeepSeek会引导你通过实际编程来学习。例如，输入："请帮我写一个Python的'Hello World'程序，并详细解释每一行代码的功能，特别是如何通过print语句输出内容以及如何正确执行程序。"DeepSeek会给出代码示例并解释每一行代码的功能，帮助你了解程序的基本结构。

逐步进阶学习

一旦你掌握了基础内容，DeepSeek会帮助你学习更高级的内容。例如，输入："我已经掌握了Python的基础语法，现在想深入学习面向对象编程。请介绍面向对象编程的核心概念，包括类、对象、继承和多态，并提供相关的Python代码实例帮助我理解。"DeepSeek会为你详细介绍面向对象编程的概念（如类、对象、继承等），并给出实践代码示例，帮助你逐步深入。

实时错误调试与优化

在学习过程中，你可能会遇到一些代码错误或不理解的地方。你可以输入："这段Python代码报错了，请帮我查找并修复错误。错误出现在函数调用时，可能是参数传递问题。请逐行分析代码，找到潜在问题并提供修复方案。"DeepSeek会帮助你找到代码中的错误，并给出修复建议。它还可以帮助你优化代码，使其更加简洁、高效。

·不要急于跳过基础：即使你有其他编程经验，也要从基础开始学习，确保每个步骤都掌握牢固。

·练习至关重要：编程是一项实践性很强的技能，通过不断编写代码和调试，来巩固所学的内容。

创意写作与网文灵感"直通车"

从题材挖掘到剧情脉络，让写作更有料、更轻松

DeepSeek不仅可以帮助你完成职场任务，还能够助力你在创意写作和网文创作中迸发灵感，提供写作素材和结构建议。无论你是要写小说、剧本，还是网文，DeepSeek都能为你提供精准的写作支持。

创意生成与灵感启发

如果你缺乏创作灵感，DeepSeek可以为你提供创意点子和写作思路。例如，输入："请帮我生成一个关于未来世界的小说构思，要求涉及科技进步、社会变革和人类情感的交织。希望故事背景设定在2050年，主角是普通市民，在一个高度智能化的社会中逐渐发现自己与机器之间的微妙关系。"DeepSeek会根据你的需求，生成一个富有创意的故事背景和情节概要，让你从中找到创作灵感。

写作结构与情节安排

当你有了初步的创意后，DeepSeek会帮助你设计小说的结构和

情节安排。例如，输入："请帮我设计一个悬疑小说的情节结构，包含开头、发展和结局。开头要能够迅速吸引读者，发展部分逐步揭开谜团，结局要有出人意料的反转，并且所有线索在结尾能得到合理解释。"DeepSeek会为你提供详细的情节安排建议，确保故事节奏紧凑，吸引读者。

人物塑造与对话设计

人物是任何故事的核心，DeepSeek能帮助你创建立体的角色。输入："请帮我设计一个反派角色，包括背景故事、角色的性格特点和动机。角色是一位女性，曾因社会不公而受过重大创伤，后因复仇走上邪恶道路。希望她既有强烈的内心冲突，又具有复杂的个性和深刻的动机。"DeepSeek会根据你提供的基本要求，设计出一个具有深度和冲突感的反派角色，并给出相关的背景设定。

文风与文案优化

无论你写的是小说、文章还是网文，DeepSeek都能帮助你提升文风，让你的作品更加吸引人。输入："请调整我写的文章，使其更具感染力，特别是在情感表达和语言节奏上进行优化。文章主题是个人成长和克服困难，要求语气更具激励性和共鸣感，能够激发读者的情感反应。"DeepSeek会根据你的要求调整文章的语气、风格和结构，使其更具吸引力。

网文创作技巧

网文有独特的创作技巧和结构，DeepSeek能够帮助你理解并运用这些技巧。输入："如何写一篇能够吸引百万读者的网文？请提供一些创作技巧和建议，尤其是在开篇吸引读者、角色塑造和情节设置方面，希望能增加作品的可读性和吸引力。"DeepSeek 会给出一系列有效的创作策略，比如如何设置引人入胜的开篇、如何打造悬念和高潮等。

·**创意不要过于复杂**：尽管创作可以充满想象，但要确保故事结构和人物设定不太复杂，避免过于冗杂，影响读者的阅读体验。

·**关注情节发展**：尤其在网文创作中，保持情节紧凑和充满悬念是吸引读者的重要因素，DeepSeek 会为你提供如何设置故事节奏的建议。

语言边界打破：跨语种无障碍交流

翻译、创作、谈判，DeepSeek 让你随时"切换频道"

DeepSeek 不仅能提高你在本地语言的工作效率，还能打破语言的边界，帮助你跨语言进行交流与工作。无论是翻译、文案创作，还是跨国项目沟通，DeepSeek 都能提供流畅的语言支持，确保沟通顺畅无阻。

翻译功能

输入："请将这封英文邮件翻译成中文，要求准确传达邮件的语气与内容，特别是在正式商业沟通中的措辞。"DeepSeek 会为你提供精准的翻译，并根据上下文优化语言表达。你还可以要求它进行其他语言的翻译，只需提供原文和目标语言。

跨语言文案创作

输入："请帮我写一篇英文版的关于'职场生存技巧'的文章，内容需要包括如何有效沟通、时间管理技巧、与上司和同事建立良好关系等，文章要结构清晰，语言简洁，适合职场新人阅读。"DeepSeek会根据你的要求生成一篇符合语境、自然流畅的文章。你还可以输入："把这篇英文文章翻译成中文并优化语言表达。"DeepSeek会在翻译的同时进行语言表达优化，确保文案质量。

多语言沟通支持

如果你需要与国外客户或合作伙伴沟通，可以直接输入："请帮我撰写一封英文邮件，询问产品的售后服务，邮件内容需要简洁明了，重点是询问保修期、退换货政策及客服联系方式。"DeepSeek会根据你提供的背景信息及要求，帮助你撰写合适的邮件内容。

·**明确语言目标**：在请求翻译或文案创作时，确保清晰说明目标语言和文体要求，如正式、非正式、学术或商务等。

·**检查翻译效果**：尤其是涉及多语言沟通时，确保翻译的准确性和流畅性，以避免语义错误或文化不当。

·**注意数据安全**：避免直接上传机密合同，应使用"某协议"替代真实名称。涉及财务审批的流程必须保留人工确认环节。

DeepSeek：AI时代的智慧助手与未来展望

DeepSeek以其强大的语言理解和生成能力，为用户提供前所未有的便捷体验。无论是写作、编程、学习还是数据分析，它都能帮助人们更高效地完成任务，让人工智能真正成为每个人的智能助手。相比传统的搜索方式，DeepSeek 不仅能理解用户的需求，还能提供精准、深入的回答，让信息获取变得更加轻松和直观。

更重要的是，DeepSeek还在不断进化，变得更加智能和易用。它能够理解更复杂的问题，生成更流畅、更符合人类思维的内容，甚至在个性化方面提供更贴心的帮助。无论是优化日常工作，还是辅助决策，DeepSeek这样的工具都在让 AI 技术变得触手可及，让每个人都能享受科技带来的便利。

我们相信，未来以DeepSeek为代表的国产AI还将持续提升，让普通用户也能拥有强大的 AI 助手，无须专业知识，就能高效处理信息、创作内容、提升个人能力。它不仅是一个工具，更像是一个随时随地的智能伙伴，帮助我们更快地学习，更好地表达，更高效地工作。

附录

中国主流通用人工智能
应用介绍

文心一言

文心一言是百度公司于2023年推出的生成式人工智能产品，基于新一代大语言模型开发，具备多项强大功能和特点。

文心一言的主要能力：

1. 文学创作：能够根据用户输入生成诗歌、小说等文学作品，展现出卓越的创作能力。

2. 商业文案创作：可为企业提供广告语、产品描述等商业文案，提升营销效果。

3. 数理推算：具备解决数学问题和逻辑推理的能力，支持复杂计算和分析。

4. 中文理解：在中文语言处理方面表现出色，能够准确理解并生成符合语境的文本。

5. 多模态生成：支持生成文本、图片、音频和视频等多种形式的内容，满足多样化的需求。

文心一言的特点与特长：

• 知识增强：文心一言在大语言模型中融入了百度丰富的知识图谱，提升了对事实性问题的准确回答能力。

• 多模态交互：不仅支持文本输入，还能处理图片、语音等多种输入形式，提供更自然的人机交互体验。

• 高效性与可扩展性：通过优化模型结构和算法，文心一言在保持高性能的同时，具备良好的可扩展性，适用于各类应用场景。

• 中文优势：由于深耕中文语言处理，文心一言在理解和生成中文内容方面具有独特优势，适合中文用户使用。

Kimi

Kimi是月之暗面公司于2023年推出的生成式人工智能助手，基于先进的大语言模型开发，具备多项强大功能和特点。

Kimi的主要能力：

1. 长文本处理：Kimi能够高效处理长达200万字的文本，快速理解并总结大型文档的核心内容。

2. 多语言支持：具备多语言翻译能力，能够在不同语言之间进行准确的翻译和解释。

3. 代码编写与调试：Kimi可以帮助用户编写代码、查找并修复错误，提升开发效率。

4. 内容创作：支持策划方案、小说等多种内容生成，满足用户的多样化创作需求。

5. 语音交互：支持语音输入和输出，提供更自然的人机交互体验。

Kimi的特点与特长：

• 中文优势：Kimi在中文语言处理方面表现出色，能够准确理解并生成符合语境的中文文本。

• 高效性与可扩展性：通过优化模型结构和算法，Kimi在保持高性能的同时，具备良好的可扩展性，适用于各类应用场景。

· 知识增强：Kimi在大语言模型中融入了丰富的知识图谱，提升了对事实性问题的准确回答能力。

· 多模态交互：不仅支持文本输入，还能处理图片、语音等多种输入形式，提供更自然的人机交互体验。

智谱清言

智谱清言是由北京智谱华章科技有限公司开发的中文对话模型，基于自主研发的 GLM 系列模型，旨在为用户提供智能化的对话服务。

智谱清言的主要能力：

1. 多轮对话：支持连续的多轮对话，能够理解上下文，提供连贯且相关的回答。

2. 内容创作：具备生成诗歌、小说、商业文案等多种文本内容的能力，满足用户的创作需求。

3. 信息归纳总结：能够对复杂的信息进行归纳和总结，帮助用户快速获取关键信息。

4. 代码编写与修正：支持编写和修正代码，协助程序员提高开发效率。

5. AI绘画：根据用户描述生成相应的图片，满足视觉创作需求。

智谱清言的特点与特长：

- 智能体设计：用户可以在智谱清言平台上创建多个智能体，如教师智能体、画师智能体等，完成丰富多样的专业任务。

- 易用性：界面友好，操作简便，用户无须具备编程经验即可使用，完美融入日常生活。

· 中文优势：深耕中文语言处理，在理解和生成中文内容方面具有独特优势，适合中文用户使用。

· 多模态交互：不仅支持文本输入，还能处理图片、语音等多种输入形式，提供更自然的人机交互体验。

豆包

豆包是字节跳动公司推出的多功能人工智能助手，基于云雀大语言模型开发，旨在为用户的生活、学习和工作提供全方位的支持。

豆包的主要能力：

1. 信息搜索与答疑解惑：豆包能够快速搜索并整合信息，解答用户的各种问题，提供准确且专业的回答。

2. 文案创作与辅助创作：无论是撰写商业文案、文学作品，还是进行长文本分析，豆包都能提供灵感和支持，提升创作效率。

3. 学习辅助：豆包可作为学习助手，帮助用户理解复杂概念，提供学习建议，提升学习效果。

4. 图像生成：通过输入描述，豆包能够生成相应的图像，满足用户的视觉创作需求。

5. AI 智能体：豆包支持创建和使用多种 AI 智能体，满足用户在不同场景下的个性化需求。

豆包的特点与特长：

• 界面简洁，易于使用：豆包采用清爽的界面设计，用户无须学习即可上手使用。

• 语音输入与输出：支持便捷且准确的语音输入，并提供自然、亲切的语音回答，提升沟通效率。

· 多平台支持：豆包可在网页、iOS 和安卓平台上使用，方便用户随时随地获取服务。

· 知识渊博，专业可靠：豆包具备广泛的知识储备，能够提供专业且可靠的回答，满足用户的多样化需求。

通义千问

通义千问是阿里云推出的超大规模语言模型，旨在为用户提供多领域、多任务的智能服务。

通义千问的主要能力：

1. 文字创作：能够撰写故事、公文、邮件、剧本和诗歌等多种体裁的文本。

2. 文本处理：提供文本润色和摘要提取等功能，提升内容质量和阅读效率。

3. 编程辅助：支持代码编写和优化，帮助开发者提高工作效率。

4. 翻译服务：提供多语言翻译，包括英语、日语、法语和西班牙语等。

5. 对话模拟：能够扮演不同角色，与用户进行交互式对话。

6. 数据可视化：支持图表制作和数据呈现，便于信息理解和分析。

通义千问的特点与特长：

- 多轮交互能力：通义千问具备出色的多轮对话能力，能够进行自然流畅的交流。
- 逻辑推理与代码编写：凭借阿里云强大的算力支持，通义千问在逻辑推理和代码编写方面表现突出。

· 多模态理解：支持文本、图像等多种输入形式，提供更丰富的交互体验。

· 高效性与可扩展性：通过优化模型结构和算法，通义千问在保持高性能的同时，具备良好的可扩展性，适用于各类应用场景。

讯飞星火

讯飞星火是科大讯飞推出的认知智能大模型，具备多项强大能力和独有特点。

讯飞星火的主要能力：

1. 语言理解与生成：能够准确理解用户输入，并生成符合语境的自然语言文本。

2. 知识问答：基于广泛的知识库，提供准确的问答服务。

3. 逻辑推理：具备推理能力，能够处理复杂的逻辑问题。

4. 数学题解答：能够解决各类数学问题，提供详细的解题步骤。

5. 代码理解与编写：支持多种编程语言的代码理解和生成，辅助开发者提高效率。

讯飞星火的特点与特长：

- 语音交互优势：依托科大讯飞在语音识别领域的领先技术，讯飞星火在语音输入和输出方面表现出色，提供流畅自然的语音交互体验。

- 多模态交互：支持文本、语音、视觉等多种输入形式，提供更自然的人机交互体验。

- 高效性与可扩展性：通过优化模型结构和算法，讯飞星火在保持高性能的同时，具备良好的可扩展性，适用于各类应用场景。

- 中文优势：深耕中文语言处理，在理解和生成中文内容方面具有独特优势，适合中文用户使用。